本书由国家林业和草原局西南调查规划院和自然资源保护协会（NRDC）支持出版

国家公园
设施绿色营建

国家林业和草原局
国家公园管理局　国家公园规划研究中心

吕雪蕾　蔡　芳　孙鸿雁　华　宁　等/著

中国林业出版社

图书在版编目（ＣＩＰ）数据

国家公园设施绿色营建 / 吕雪蕾等著 . -- 北京：
中国林业出版社 , 2022.1（2023.4 重印）
ISBN 978-7-5219-1540-2

Ⅰ . ①国… Ⅱ . ①吕… Ⅲ . ①国家公园—基础设施建
设—中国 Ⅳ . ① TU986.3

中国版本图书馆 CIP 数据核字 (2022) 第 001793 号

中国林业出版社·国家公园分社（自然保护分社）
责任编辑：张衍辉　葛宝庆

出　　　版：中国林业出版社（100009　北京西城区刘海胡同 7 号）
　　　　　　http://www.forestry.gov.cn/lycb.html　（010）83143521　83143612
发　　　行：中国林业出版社
印　　　刷：北京博海升彩色印刷有限公司
版　　　次：2022 年 1 月第 1 版
印　　　次：2023 年 4 月第 2 次
开　　　本：787mm×1092mm　1/16
印　　　张：12.75
字　　　数：286 千字
定　　　价：130.00 元

《国家公园设施绿色营建》

作　者：吕雪蕾　蔡　芳　孙鸿雁　华　宁　唐芳林　田勇臣
　　　　张光元　王　娟　罗伟雄　崔亚飞　赵　颖　孙书平
　　　　陶江坤　王丹彤　方　芳　史　建　吴明伟　姜　波
　　　　许浩煜　王　旭　刘鹏程　李　云　罗晓琴　刘文国
　　　　何　立　付元祥　闫　颜　于恒隽　余　莉　张云华
　　　　宁文鹤　刘志伟　胡　锐　徐志鸿

摄　影：唐芳林　王　娟　蔡　芳　孙鸿雁　华　宁　方　芳
　　　　吕雪蕾　王丹彤　罗伟雄　李　云　刘文国　赵　颖
　　　　孙书平　姜　波　闫　颜　盛春玲　史　建　张云华
　　　　余　莉　宁文鹤　刘志伟　胡　锐　徐志鸿　练德生

手　绘：王　旭　罗晓琴　于恒隽　崔亚飞

审　定：唐芳林

前　言

    建立国家公园体制，是以习近平总书记为核心的党中央站在实现中华民族永续发展的战略高度作出的重大决策。2021年10月12日，习近平总书记在中国昆明召开的联合国《生物多样性公约》第十五次缔约方大会上，宣布正式设立三江源、东北虎豹、大熊猫、海南热带雨林、武夷山等第一批国家公园，这是我国生态文明制度改革的重大实践成果，具有里程碑意义。第一批国家公园的正式设立，也意味着我国国家公园进入实质性建设阶段，国家公园设施营建也提上了议事日程，亟须从科学和专业的角度推进国家公园建设。

    国家公园作为美丽中国的象征，是国家生态文明建设的核心载体，是人民向往的美好国土，是中华民族世代传承的宝贵财富，是重要的国家名片。我国在生态文明建设的背景下建设国家公园，必然要体现高起点，不仅要把自然生态系统最重要、自然景观最独特、自然遗产最精华、生物多样性最富集的区域纳入国家公园，还要在建设上体现高标准、高质量。这并不意味着就是国家公园建筑的"高大上"，恰恰相反，国家公园内要最大限度地保持自然性和原真性，国家公园及周边必要的设施营建，必须本着最小化和轻量化原则，体现绿色、低碳、协调。充分发挥后发优势，吸取我国60多年自然保护地以及国外国家公园建设的经验和教训，避免大拆大建走弯路，防止"建设性破坏"，要力求把国家公园设施本身精心建成与自然和谐的艺术品，成为国家公园的有机组成部分。

大地伦理原则认为，一件事情，当它有助于保护生命共同体的完整、稳定和美丽时，它就是正确的；反之，它就是错误的。国家公园设施营建是实现国家公园综合功能的基础，是一项科学、专业、系统而复杂的工程，而绿色营建作为一种可持续发展、绿色、生态、环保的建造设计理念和方法，按照绿色发展理念，体现创新、协调、共享，最大限度地节约资源、保护环境、减少污染，为人们提供健康、适用和高效的与自然和谐共生的产品，能有效将设施营建对国家公园自然生态系统的伤害降至最低。同时，国家公园绿色营建提倡永续性、人性化、简约化、轻量化、本土化，坚持省能源、省资源、低污染原则，能有效降低环境冲击及负荷，确保国家公园重要自然生态系统的原真性、完整性和系统性保护。国家公园设施绿色营建符合中国国家公园的发展理念和目标要求，符合人与自然和谐共生的理念，能有效推动具有中国特色的国家公园建设，有力促进我国生态文明和美丽中国建设，为子孙后代留下更多更完整的自然遗产，是我国国家公园建设的必然趋势和选择。

国家林业和草原局西南调查规划院、国家林业和草原局（国家公园管理局）国家公园规划研究中心扎根自然保护一线，长期从事国家公园等自然保护地的理论研究与规划实践工作，多年来完成了大量国家公园、自然保护区和自然公园的规划设计任务，具有深厚的理论基础和丰富的实践经验。2019年以来，著作者对美国、冰岛、加拿大、新西兰、南非、巴西、哥斯达黎加、瑞士等国的国家公园和我国国家公园、国家公园体制试点区、自然保护区、自然公园及台湾地区自然保护地的设施营建开展了广泛而深入的调研，在调研、分析、借鉴、总结中，充分吸收国内外自然保护地设施营建经验，提出我国国家公园设施营建在生态与景观彰显"相地合宜原则"，在组合与布局遵循"七宜七不宜原则"、在尺度与比例追求"亲切舒适原则"、在色彩与质感力求"处理得当原则"、在结构与形态体现"相辅相成原则"，实现了设施营建观念的转变，形成了具有理论创新性和技术先导性的设施营建观点和理论，为构建中国国家公园设施营建创新的理论框架做出了尝试，具有开创性意义。

本书遵循国家公园建设的发展方向，基于绿色、生态、可持续发展和环境友好的绿色营建理念和方法，以"人与自然万物共生，设施与自然环境共生"为目标，创新"全周期、全寿命、全过程"，立足"本土化"的国家公园绿色营建之路，彰显了国家公园建设的中国特色。本书集国家公园设施绿色营建理念、策略和实践案例于一体，分上下两篇：上篇阐述国家公园设施绿色营建理念和策略，辅以手绘形式表达，通俗易懂、深入浅出；下篇阐述国家公园保护管理、科研监测、生态教育、自然体验和社区可持续发展五大功能设施绿色营建的要点和要求，以实景照片展示亲近自然的杰作，解析其绿色营建的亮点和特点，总结绿色营建的思路和途径。并分别选取国家公园和自然公园两个类型的设施营建实践案例，为国家公园设施营建提供启示和借鉴。

本书撰写过程中，得到了国家林业和草原局（国家公园管理局）自然保护地司、科技司、国家公园（自然保护地）发展中心等各司（中心）领导的悉心指导，得到了三江源国家公园等 10 处国家公园或国家公园体制试点区管理部门的支持帮助，得到了上海崇明东滩鸟类国家级自然保护区、山东黄河三角洲国家级自然保护区、广东丹霞山国家级风景名胜区、广东南岭国家森林公园、云南轿子山国家级自然保护区等近 40 个自然保护地管理机构的配合支持，在此表示衷心感谢。特别感谢自然资源保护协会（NRDC）为本书提供了美国、加拿大等国国家公园设施营建的经典案例，并对本书的出版给予支持。衷心感谢各位编著人员和审稿专家的辛勤努力。

本书通过借鉴总结部分世界国家公园设施营建的经验，梳理国内自然保护地设施营建的亮点，希望能建立系统的中国国家公园设施绿色营建理念、营建原则及营建方法，从技术层面为国家公园设施营建提供思路和方法，为从事国家公园的管理者和建设者们提供一定的启示和参考。由于水平有限，错漏在所难免，敬请各位专家和读者批评指正。另外，由于本研究集中在陆域部分，海洋类型的自然保护地设施未进行展示和解析，加之收集到的国家公园等自然保护地营建设施案例有限，希望在以后的工作中弥补。

目 录

国家公园设施绿色营建策略

国家公园设施绿色营建

Building Sustainable Infrastructure in National Parks

国家公园是生态文明建设的重要载体，是习近平新时代中国特色社会主义思想的户外展览馆，是最容易讲好中国故事的地方，是我国自然保护地最重要的类型。其首要功能是重要自然生态系统的原真性、完整性保护，同时兼具科研监测、生态教育、自然体验、社区发展等综合功能。在新时代、新目标、新定位下，如何构建中国特色国家公园是迫切需要思考的问题。在吸收借鉴世界 200 多个国家和地区多年国家公园建设经验的基础上，基于绿色、低碳、生态、可持续发展和环境友好的绿色营建理念和方法，是我国国家公园建设的有效途径。在全面进入林业草原国家公园融合发展新阶段，国家公园作为"三位一体"融合发展的重要战略，着力建设国家公园，必将为建设生态文明、实施乡村振兴作出重要贡献。国家公园设施体系建设是实现国家公园综合功能的基础，而国家公园设施绿色营建是有效保护国家公园资源，发挥国家公园生态服务功能的根本。国家公园设施绿色营建作为一项具有复合性、生态性、技术性、艺术性和社会性的系统工程，其开展应基于对国家公园设施绿色营建策略的正确理解和把握。

本篇对国家公园设施绿色营建策略进行分析和研究，通过概述国家公园设施，明确了国家公园设施的含义及特点，提出了有见地的国家公园设施绿色营建与生态工法理论；运用系统思维研究了我国国家公园设施体系在构建、布局要求及技术标准等方面存在的诸多关键问题，对国家公园设施的分类及布局要求作出相应规定，并系统梳理了主要设施的技术指标；通过对营建原则、营建手法和营建要点三方面的理论思考、经验总结，阐述了国家公园设施绿色营建原理，确保国家公园设施绿色营建的正确方向。

一 国家公园设施概述

1 国家公园设施的含义及特点

国家公园设施在各国及各个时期的学科名称、概念含义、研究范围并不完全统一。2018 年，中国建筑工业出版社出版的《国家公园设施系统与风景设计》提到过国家公园设施，但没有对其进行明确定义，时至今日，国家公园设施在我国学科名称上尚有争议。通过研究及查询相关著述中曾出现的众多与之相关的名词，从含义及特点两方面对国家公园设施进行解析。

（1）含义

定义国家公园设施，首先需对"设施"名词的含义及内容进行明确。"设施"出现在《淮南子·兵略训》中"昼则多旌，夜则多火，晦冥多鼓，此善为设施者也"，指的是"规划施行"，后演变为"措施"。业界学者的观点认为"设施"是指为了某种需要而建立的机构、系统、建筑物、构筑物等，具有系统性，范围较广，可以将其作为本书关于"设施"的相关概念和含义。

就"国家公园设施"而言，唐芳林在《国家公园理论与实践》中提出应从四个层次来理解：一是国家公园以自然保护为主要目的，兼有科研监测、环境教育、游憩展示和社区发展功能；二是国家公园建设与发展不同于一般风景区或森林游乐区，按照国家公园建设的精神，保育、研究、教育的任务与功能高于游憩功能；三是为了实现这几种功能而建立的机构、系统、建筑等就是国家公园的设施；四是这些设施在国家公园的不同位置发挥着各自应有的作用，共同组成国家公园的设施体系。

可见，国家公园设施的内容及含义相当广泛，在本书中将其含义归纳为"是为实现国家公园保护管理、科研监测、生态教育、自然体验、社区发展等综合功能而建立的机构、系统、建筑物和构筑物等，在国家公园不同位置发挥着各自应有的作用，是保障国家公园正常运行的基础"。

（2）特点

国家公园设施的复杂性和综合性，以及建造场地的自然性、保护的重要性等因素，决定了国家公园设施具有复合性、生态性、技术性、艺术性及社会性等 5 个特点。

①复合性

国家公园设施涉及自然、生态、人文等，是自然系统和社会系统衍生的产物，它兼顾工程建设的需求及环境生态的维护，在建造方面必须考虑建设功能、安全需求、景观造型及经济效益，因此具有明显的复合性。

②生态性

设施建设是国家公园建设的一个子系统，鉴于国家公园是重要的自然保护地，以保护完整的自然生态系统为主要目的，因此设施建造必须充分尊重生态环境，设施本身要满足其生态功能、环境需求、景观融合及材料供需，需针对区域环境进行整体规划设计。

③技术性

设施的建造需要一定的结构、材料、施工、维护等技术手段，才能实现设施的服务功能、使用功能、景观价值，并始终伴随着技术的创新和发展。

④艺术性

设施的功能之一是塑造具有观赏价值的景观，创造同环境协调并扩展自然景观的美，同时由大自然的美景与景观艺术为人们提供丰富的精神生活空间（徐大伟，2015），让涉足此地的人全身心地融入自然并体验自然，因此，艺术性是设施的固有属性。

⑤社会性

国家公园具有公益性的特质，是服务公众的重要精神场所，设施也是为人们的视觉及精神服务，其社会属性比较显著。

❷ 国家公园设施绿色营建与生态工法

国家公园设施绿色营建策略的理解应基于对国家公园设施、绿色营建、国家公园设施绿色营建、生态工法等概念的正确认识和理解，为了避免相关概念的内涵外延模糊不清，导致对绿色营建策略理解不透，本书对国家公园设施、绿色营建、国家公园设施绿色营建和生态工法等概念进行解析，以确保正确理解和把握国家公园设施绿色营建策略。

（1）绿色营建

理解绿色营建，要从绿色及营建两个层级进行解析。

首先，绿色是自然界中常见的颜色，代表着生机与活力。在中国文化中绿色还有生命的含义，可代表自然、生态、环保等。常见的概念有绿色发展、绿色技术、绿色建筑等。绿色发展是指在绿色创新驱动下，以生产中低消耗、低排放，生活中合理消费，生态资本不断增加为主要特征的可持续发展，强调改善资源利用方式，增加绿色财富和人类绿色福利，以实现人与自然的和谐发展（张璐和景维民，2015）。绿色技术指根据环境价值，利用现代科学技术全部潜力的无污染技术（朱春红，2011），要求企业在选择生产技术、开发新产品时，必须考虑减少从生产原料开始到生产全过程的各环节对环境的破坏，即必须作出有利于环境保护、有利于生态平衡的选择。绿色建筑则是在全寿命期内，节约资源、保护环境、减少污染，为人们提供健康、适用、高效的使用空间，最大限度地实现人与自然和谐共生的高质量建筑。

其次，营建，即兴建、建造的意思。"营"为"四周垒土而居"，指古代所有的建造活动，如营国、营园、营缮司。中国古代分类体系中没有"建筑"一词，属于外来语。在中文中只有宫室、庭院之类的词语，非"营建"，而为"营造"，方式有垒土、砌墙、铺瓦、抬梁、穿斗、小木作等。因此营建一词与文脉相结合，与历史属性相结合，承载了结构体系、传统材料、传统工艺与构造营建出的中国古典之场所精神。

由此可见，"绿色营建（green construction）"是指在全寿命周期内，最大限度地节约资源（节能、节地、节水、节材）、保护环境、减少污染，为人们提供健康、适用、高效和与自然和谐共生的产品、使用空间的活动和过程，包括绿色建筑、绿色建造、绿色建材、近自然修复等（蔡芳，2020）。

（2）国家公园设施绿色营建 ▌

绿色营建考虑的因素很多，包括六方面的内容。第一，对自然的道德责任，生态功能和成本控制；第二，尽量控制开发冲击，让自然做功；第三，功能尽量简单，满足最主要的需求；第四，做"无害的事"，尽量让自然生态系统自给自足，建造材料生命周期控制，首选自然界材料；第五，立足"乡土"的本源，国家公园设施风格设计体现"地方的习俗色彩、民居建筑的风韵格调、空间的含蓄情趣以及山野朴实的自然气息等"；第六，发挥不同相关利益者在绿色建造中的作用，实现决策者、管理者、经营者、规划设计者、施工者、监管者及社区各方的统一认知。

国家公园设施绿色营建需要考量绿色营建考虑的因素，是指在生态学的基础上，按照绿色发展理念，应用生态工法，在环境生态与功能安全上寻求合理的平衡点，采用有利于自然的生态技术（唐芳林，2017），在满足建设功能的前提下，寻求最小体量及最小干扰的施工作业方法，最大限度考量资源、环境、污染、使用空间的活动和过程的全周期、全寿命、全过程绿色建造理念，有效解决国家公园设施建设可持续发展、绿色、生态、环保的要求，确保对国家公园的生物多样性和自然生态系统的伤害降至最低。

（3）生态工法 ▌

生态工法是基于物种保育、生物多样性及生态可持续发展而提出的一种新思维和新的施工技术，其内涵包括杜绝因工程建设而阻碍生物迁徙和繁衍的不当措施，提醒工程师在设计时除考量工程要求之外，亦兼顾生态系统的自然要求，以生态为基础、安全为导向，最大限度地保护自然环境，减少对生态的损害。1971 年 Odum 延伸了生态工法的内涵，认为生态工法是一种自然治理的方法。自然即美之"自然"，而并非指自然界之自然，生态工法应重视自然的自愈能力与人对无限自然的有限了解。因此，生态工法只应用于人工的近自然景观，做最少的动作并利用管理来控制人为的干扰度。1996 年 Sim Van Der Ryn 和 Stuart Cown 定义生态设计为"任何与生态过程相协调，尽量使其对环境的破坏影响达到最小的设计形式都称为生态设计"（叶郁，2013）。

"工法"即采用土木工程的构造方法达到工程的要求。"生态工法"是在普通的工程方法中融入生态需求和要求，包括选择符合生态标准的材料，保证环境可持续性的施工工艺等，如结构中采用空隙式设计以利于植物的自然生长和动物栖息地的修复等（叶郁，2013）。在中国台湾，生态工法也称自然工法，其定义为"人类基于对生态系统的深切认知，为稳定区域内生物多样性及永续发展，采取以生态为基础、安全为导向的工程方法，减少对生态系统造成伤害的永续系统工程设计的统称"（陈沫，2015）。于具体的工程操作而言，"生态工法"是采用天然资材为主要材料，辅以具备环保属性的人工材料，融合周围自然景观，减少对生态环境冲击的施工技法。

虽然我国对生态工法的理论探讨相对较少，部分学者认为生态工法（ecological engineering method）是指以生物学和生态学为基础，在遵循自然法则、降低人类开发对环境冲击的前提下进行一切工程建设活动，使工程建设对环境的影响控制在可接受的范围内，最大限度减少对生物多样性的影响，避免损害生态系统健康，进而实现自然与人类永续共生共存的目标而进行工程建设的方法（唐芳林，2017）。生态工法是我国国家公园项目建设的重要策略，从布局生态、功能生态、结构生态、形式生态等方面建造创新的与周边生态环境相协调的有机生态体系，展现"自然化""生态化""无痕迹化"和"环境友好"。工程建设方面需考虑功能和安全需求、景观造型、经济成本及效益；环境生态方面则需满足其生态功能、环境需求、景观融合及材料供需。

二
国家公园设施分类

　　国家公园各类设施建设具有一定规律性，应根据不同类型设施的特点，提出明确的建设要求，制定其建设的规范、定额、指标等，对设施进行标准化和生态建造体系的营建，提高建设水平，从而规范、科学有效指导国家公园设施绿色营建。国家公园设施一般按照性质或发挥的功能进行分类。如美国国家公园设施分为管理设施、游憩设施、文化设施、特许设施、解说设施、环境改造设施、基础设施七类（李丽凤，2008）；中国台湾国家公园设施分为交通设施、景观休憩设施、解说标志设施、管理服务设施、公共服务设施、住宿设施、急难救助设施、灾害防治设施、防灾设施九类。

　　2019年，中办、国办印发的《关于建立以国家公园为主体的自然保护地体系的指导意见》明确了国家公园的首要功能是保护重要自然生态系统的原真性和完整性，同时兼具科研、教育、游憩等综合功能。《国家公园总体规划技术规范》（GB/T 39736—2020）规定了国家公园规划的重点内容应体现在保护体系、服务体系、社区发展、土地利用协调和管理体系等五方面。结合编制《国家公园项目建设标准》中调研工作和国内外国家公园及自然保护地设施建设实践，以国家公园理念为基础，以国家公园建设目标为导向，依据国家公园的主要功能需求，国家公园建设项目由保护体系工程、服务体系工程、社区发展工程、管理体系工程4类构成，国家公园设施可遵循建设项目进行类型划分。

① 设施体系构成及建设内容

（1）设施体系构成

为提高营建水平，构建各类设施生态工法的实施模式，进行标准化和生态建造，同时满足不同服务功能需求，本书中的国家公园设施按保护管理设施、科研监测设施、生态教育设施、自然体验设施和社区可持续发展设施划分为5大类，在此基础上，按照服务功能需求和特点各有不同，进一步细化为12小类，构成国家公园设施体系。体系构成详见表1–1。

（2）设施建设内容

保护管理设施由保护管理基础设施、防灾设施、野生动植物保护设施组成，满足保护管理、巡护、防灾、野生动植物保护等功能需求。保护管理基础设施主要包括国家公园大门、管理用房、界碑界桩、检查哨卡和巡护道路；防灾设施主要包括防火设施、防洪设施、地质灾害防治设施和瞭望塔；野生动植物保护设施主要包括野生动物救护站、防护围栏和管护码头。

科研监测设施主要建设科研监测中心、智慧信息平台、生态系统定位监测站和鸟类环志站。建立国家公园科研监测平台，是掌握园内本底资源、展示资源科学价值的重要手段，能为国家公园科学管理提供重要支撑。

生态教育设施由解说标识设施和科普宣教设施组成，为开展生态教育提供基础保障。解说标识设施主要建设公共标识和解说牌；科普宣教设施主要建设科普宣教中心、自然博物馆、解说中心、野生植物园、传统文化体验馆、生态展示站（点）、野外宣教点、观鸟屋、生态教育小径和志愿者之家等。

自然体验设施由服务设施、交通设施、住宿设施、休憩设施和配套设施组成，为公众提供亲近自然、体验自然、了解自然以及作为国民福利的体验机会。服务设施主要建设访客中心、公厕、停车场、垃圾收集设施、餐饮设施和购物设施；交通设施主要建设行车道、游步道、桥涵和直升机停机坪；住宿设施主要建设民宿、避难屋和露营设施；休憩设施主要建设观景台、休憩平台、休息亭廊、休息桌椅和景观小品；配套设施主要建设供电设施、给排水设施、通信设施和供暖供气设施。

社区可持续发展设施主要建设社区建筑和社区道路，服务社区居民和访客，提高社区生活质量，增强社区发展能力。

② 设施布局

国家公园设施建设应与其主体功能相符，应符合国家公园总体规划中对设施的差别化管控要求，并与国土空间规划和其他相关规划相衔接。在国家公园设施布局中遵循"保护优先、分区管控；

尊重自然、绿色营建；因地制宜、统筹兼顾；秉承人文、传承文化；突出重点、分步实施"原则，设施建设用地应遵守和符合自然保护、土地利用等有关法律法规规定，严格执行环境影响评价程序。国家公园设施建设应充分利用原有工程设施，优先配套使用、维护、改造已有设施、设备，并与国家公园内的其他设施建设相结合，不得重复建设或者反复拆建。

根据《国家公园总体规划技术规范》相关规定，国家公园的核心保护区可建设与保护目标相一致的科研监测、巡护管护、防灾减灾救灾、应急抢险救援等生态保护和管理设施；一般控制区中可布设保护、科研、监测、视频监控设施和与主要保护对象相关的防灾减灾救灾设施，可适度集中布设管理服务、生态教育、自然体验设施，可保持和修复部分原住居民的生产生活文化设施，建设必要的民生保障设施，需要明确开展保护管理、生态教育、自然体验、社区可持续发展等活动的区域边界，严格管控建设用地规模和布局，禁止建设不符合保护管理目标的资源利用设施。

国家公园设施布局根据性质、管控分区、使用要求，遵循国家公园分区管控原则，对保护管理设施、科研监测设施、生态教育设施、自然体验设施和社区可持续发展设施5大类、细化的12小类进行布局，详见表1-1。

表 1-1　国家公园设施体系组成及布局

设施类别		设施组成	设施布局	
			核心保护区	一般控制区
国家公园设施	保护管理设施	保护管理基础设施		
		国家公园大门		●
		管理用房		●
		界碑界桩	●	●
		检查哨卡		●
		巡护道路	●	●
	防灾设施	防火设施	●	●
		防洪设施	●	●
		地质灾害防治设施	●	●
		瞭望塔		●
	野生动植物保护设施	野生动物救护站		●
		防护围栏		●
		管护码头		●
	科研监测设施	科研监测设施	科研监测中心		●
		智慧信息平台		●
		生态系统定位监测站		●
		鸟类环志站		●
	生态教育设施	解说标识设施	公共标识		●
		解说牌		●

（续表）

设施类别		设施组成	设施布局	
			核心保护区	一般控制区
生态教育设施	科普宣教设施	科普宣教中心		●
		自然博物馆		●
		解说中心		●
		野生植物园		●
		传统文化体验馆		●
		生态展示站（点）		●
		野外宣教点		●
		观鸟屋		●
		生态教育小径		●
		志愿者之家		●
自然体验设施	服务设施	访客中心		●
		公厕		●
		停车场		●
		垃圾收集设施		●
		餐饮设施		●
		购物设施		●
	交通设施	行车道		●
		游步道		●
		桥涵		●
		直升机停机坪		●
	住宿设施	民宿		●
		避难屋		●
		露营设施		●
	休憩设施	观景台		●
		休憩平台		●
		休息亭廊		●
		休息桌椅		●
		景观小品		●
	配套设施	供电设施		●
		给排水设施		●
		通信设施	●	●
		供暖供气设施		●
社区可持续发展设施	社区可持续发展设施	社区建筑		●
		社区道路		●

（注：设施类别最左侧合并单元格为"国家公园设施"）

③ 主要设施技术指标确定

国家公园内的设施建设应遵循"设施规模宜小不宜大，设施种类宜少不宜多，设施发展宜慢不宜快，科教设施布局宜散不宜聚，住宿设施宜聚不宜散，公共设施宜隐不宜显，管理设施宜特不宜奢"的"七宜七不宜"原则进行，各种设施的主要技术指标在确定过程中，需考虑的因子较多，通过研究及专家咨询，结合国家公园建设标准编制成果，设施主要按人员编制、环境容量、服务容量、单位建设标准、设施的服务半径等因素衡量其规模和技术参数，确定科学、合理的主要设施技术指标，为国家公园设施建设提供参考和依据，详见表1-2。

表1-2　国家公园设施主要技术指标

设施类别		设施组成	主要技术指标
国家公园设施	保护管理设施	国家公园大门	根据国家公园面积规模确定
		管理用房	管理局（分局）、管护站26~30m²/人，管护点每个80~120m²
	保护管理基础设施	界碑界桩	按1km间隔或重要拐点设置
		检查哨卡	每个50~100m²
		巡护道路	机动车巡护道路路基宽4.00~4.50m，路面宽3.00m；巡护步道宽0.50~2.00m
	防灾设施	防火设施	防火道路路基宽4.00~4.50m，路面宽3.00m
		瞭望塔	每100km²可设瞭望塔1座
	野生动植物保护设施	野生动物救护站	200~600m²
		防护围栏	在人员干扰较大地方或需隔离种群的地方因需设置
		管护码头	根据管护面积确定
	科研监测设施	科研监测中心	1000~3000m²
	科研监测设施	生态系统定位监测站	600~1200m²
		鸟类环志站	50~100m²
	生态教育设施	解说标识设施	公共标识	根据标识需要设置
		解说牌	根据解说需要设置
		科普宣教中心	建筑面积根据环境容量、服务容量确定
		自然博物馆	建筑面积根据环境容量、服务容量确定
		解说中心	建筑面积根据环境容量、服务容量确定
	科普宣教设施	野生植物园	根据实际情况确定
		传统文化体验馆	200~300m²
		生态展示站（点）	200~300m²
		野外宣教点	根据实际情况确定
		观鸟屋	50~80m²
		生态教育小径	宽度1.20~1.50m
		志愿者之家	志愿者服务中心150~300m²，志愿者服务点50~80m²

（续表）

设施类别		设施组成		主要技术指标
国家公园设施	自然体验设施	服务设施	访客中心	不应超过 1500m²
			公厕	建筑面积根据环境容量、服务容量确定
			停车场	停车位占地指标 25~80m²/ 辆
			垃圾收集设施	垃圾箱间隔距离 500~1000m
		交通设施	游步道	20~30m²/ 人（或 10~15m/ 人）；宽度 1.20~1.50m
		住宿设施	民宿	15~20m²/ 人
			避难屋	50~100m²
			露营设施	15~20m²/ 人
		休憩设施	观景台	按访客容量的 10%~20% 设置
			休憩平台	
			休息亭廊	
			休息桌椅	

国家公园设施绿色营建原理

在本书的"国家公园设施绿色营建与生态工法"中对"国家公园设施绿色营建"给出了定义，不同于一般风景区，国家公园作为保护等级最高的自然保护地，各项设施的营建不能喧宾夺主，应摒弃传统建设过程中不适当的工法与不符合环境要求的建材及方法，提倡永续性、人性化、简约化、轻量化、本地化，体现省能源、省资源、低污染，保持自然生态的平衡。因此，国家公园设施绿色营建需遵循相应的原理，可从营建原则、营建手法和营建要点思考三方面来阐述。

1　国家公园设施营建原则

国家公园内设施建设要遵循必要性、适当性原则，在确保自然生态系统健康、稳定、良性循环的前提下开展，并与周围环境相协调。国家公园设施建造涵盖了生态与景观、组合与布局、尺度与比例、色彩与质感、结构与形态等五方面，每个方面都有其各自的方法和理论，作为原则性的要求在全过程营建中运用，以强化设施建设的品质、环境效果及服务效能，通过手绘构图设计的手法，正确地、创造性地对相关原则内容进行诠释。

（1）生态与景观彰显"相地合宜原则"

造园必先相地，只有"相地合宜"才能"构园得体"。国家公园设施建设强调整体和谐美，要充分利用地势、场地形状和周边环境，或傍山林，或通河沼，科学巧妙地选址和布局，让设施融于自然生态中，生态与景观成为有机组成部分。显而易见，图 1-1 至图 1-3 的营建理念及表现手法中实现了景观与生态巧妙结合，充分体现设施与环境相地合宜，是利用共享，而不是破坏冲突。让访客在环境中可以感受到咫尺山林的意趣，实现"物我同舟，天人共泰"。

◀图1-1 对建筑选址进行精妙考量，建筑背山面水，掩映在山林里，景观视线通透开阔，湖光山色尽收眼底。建筑体量适度，在树冠线上若隐若现，与苍翠葱茏、青山绿水融为一体，相地合宜。

◀图1-2 解说中心建筑与山体环境结合，采用钢木结构，立于疏林草坡之上，依山就势，相地合宜，以茂盛的树林为背景，向上倾斜的屋顶有飞跃之势，伸向平静开阔的湖面，避繁就简，空灵通透，简约雅致。

◀图1-3 利用山水建筑混合的表现手法，选址遵循"自成天然之趣、不烦人事之工"，理顺气候、朝向、土壤、水质等自然景观生态要求。

利用悬崖绝壁建成的长廊，观峭壁绝美，感惊险刺激；临水而建的吊脚楼，看瀑布飞流，听奔流水声。让人置身山水之间，感受情景交融，完美地诠释了依山就势、因地制宜，充分彰显了相地合宜的建造理念。

（2）组合与布局遵循"七宜七不宜原则"

鉴于国家公园生态的脆弱性和生态地位的重要性，设施组合与布局上应按设施规模宜小不宜大，设施种类宜少不宜多，设施发展宜慢不宜快，景观设施布局宜散不宜聚，住宿设施宜聚不宜散，公共设施宜隐不宜显，管理设施宜特不宜奢的原则进行建造。

平面图

鸟瞰图

▶图1-4露营地布局结合现状地形，沿着营地道路两侧布置露营设施，彰显了住宿设施"宜聚不宜散"的原则。整个营地规模适中，配套设施体现"小而简"且与周边环境相协调，"U"形支路一定程度控制了车速，体现"宜慢不宜快"的原则；场地入口以道路为界设置管理点及场地内部服务站，满足设备租赁、咨询等服务，营地及小型设施建筑周边配置乔灌草植被，使整个营地隐没在绿色与惬意之中，体现设施布置"宜隐不宜显"的原则。

平面图

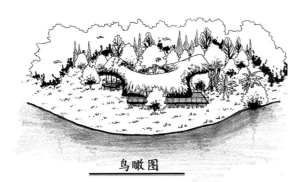

鸟瞰图

◀图1-5自然博物馆的布局表达了设施"宜隐不宜显"和"宜特不宜奢"的原则。场地临河、地势北高南低，小型博物馆选址在高地上，依山傍水，既避免河流对其影响，又形成了富有自然景色的空间。建筑被绿色环绕，隐没于林草与溪流之间，与周边环境完美地融合在一起，体现设施"宜隐不宜显"的原则。建筑呈棕灰色，结构形式为"轻钢＋茅草顶"，屋面材料为棕黄色仿真茅草，既保留乡土建筑的原有肌理，又融合现代风格的简洁舒适，"外扬内抑"，达到了使用与造型和谐统一，体现设施"宜特不宜奢"的原则。

（3）尺度与比例追求"亲切舒适原则"

英国美学家夏夫兹博里说"凡是美的都是和谐的和比例合度的"。在国家公园设施设计中针对不同环境情况，设施建造中的尺度和比例要求亦不同，图1-6至图1-8在处理好设施细部尺寸和整体的关系上尽管表现手法和构思形式不同，但都符合力求给人亲切舒适的原则。设施有观景和被观的区别，其尺度处理在内外空间的联系与过渡方面，应根据不同视距和视角的差异进行建造。

◀图1-6建筑坐落在一片旷野中，背靠群山，面向草原，建筑尺度与周围环境比例适宜，仿佛生长于此；利用传统屋檐和倾斜的立面设计，运用框景的手法，通过大面积长条形落地窗将山林草地之景引入室内，在尺度与比例关系上建立起了人与自然亲切舒适的联系。

◀图1-7瞭望塔整体依山就势，坐落在郁郁葱葱的山林中，其建筑体量、尺度和比例适宜；访客登高览胜，通过不同的视距和视角，即可拥有从咫尺林间到深远水域再到旷远天际的开阔视野，令人心旷神怡。

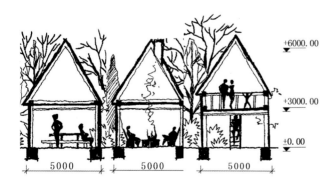

◀图1-8以中式攒尖顶建造的休息亭，结合周围林木环境控制体量和尺度，使其隐逸于山林之中，而双层的亭榭结构又使游人获得多角度的视觉体验。采用通透设计，亭内可以享受阳光、森林和雨露，内外空间自然连接，人与自然亲密接触。

（4）色彩与质感力求"处理得当原则"

设施的色彩与质感的处理和环境空间的艺术感染力有密切的关系。色彩的冷暖与浓淡，纹理的直曲、宽窄与深浅，质地的粗细、刚柔与隐现，体现的感想与联想、象征的作用可以加强情调上的气氛，色彩与质感处理得当，设施才能有强烈的艺术感染力。如图1-9至图1-11注意设施色彩与材料的配合、把握色彩的地域性与民族性，色彩与质感相辅共存。

▶图1-9民宿通过就地取材，以金色茅草、树枝等生态用材建设，体现不同材料质地的粗细、刚柔与隐现，通过色调、纹理及质地展现绿色生态、本真淳厚的建造风格，独具特色且充满艺术感召力。

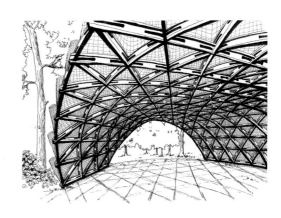

▶图1-10休息亭采取传统藤编工艺与现代极简风的融合，通透的结构既有利于自然采光和通风，借助自然光创造光影斑驳的动态效果，又能让人感知材质纹理的直曲、宽窄与深浅，设计巧妙而充满趣味。

◀图1-11长条形休息椅以当地木材为料，用钢绳将两端固定，中间自然变形，形成木制百叶装置，在表现树木纤维纹理的同时展示了不同曲面和空间的变化，简洁、自然而独具特色。

（5）结构与形态体现"相辅相成原则"

结构既是设施的骨架，又是设施的轮廓，能体现独特的美。设施结构形式选用应灵活，在与环境协调的同时使人们在不同的角度看到各种丰富多变的外形轮廓。设施的形态也很重要，而结构是形态的载体，因此要注意结构的科学性、合理性。两者的关系相辅相成，而不是彼此制约。图1-12、图1-13设施的形态、空间、序列、风格特征及设计意图相似，立意不同，达到的目的和效果也不同，但体现的原则是一致的。

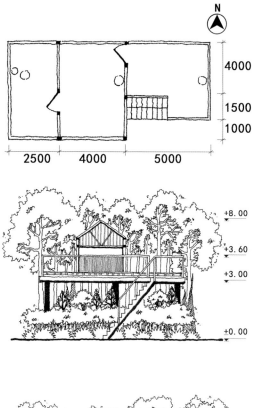

▶图1-12干栏式二层木建筑观景台，木结构、坡屋顶，结构形式确定了其形态。建造过程中，木屋包围的三棵树，没有成为建设的障碍，而是与建筑形成整体，树木穿过房子，平台的支撑体系同三棵树融为一体；外墙采用经燃烧后的木材，屋面搭板并敷设雪松，自然光线的开口以东西方向为主，能更好地欣赏日出、日落和享受阳光。

▶图1-13建筑采用"轻钢＋青砖木石"结构，结合场地特征及区域建筑元素，屋面采用轻钢架设，底座采用青砖饰面，局部装饰空间采用轻质木栅格，在满足遮阴避雨的前提下为生态展示营造出视野开阔、与场地贴合的通透空间感。建筑底座结合外部开敞空间设置可供游人休憩的座椅，既不影响室内观赏流线，又体现以人为本的理念。

❷ 国家公园设施绿色营建手法

国家公园设施绿色营建手法因其规模、性质、内容、景观环境、气候条件、地域特点等不同，有许多需要考虑的因素，本书重点涉及风格确定、材料选择和建设管理三个主要方面。

（1）风格确定

"风格"一词源于希腊文 σ τ，本义为一个长度大于宽度的固定的文学风格及其对文学发展的影响直线体。罗马作家特伦斯和西塞罗的著作中，"风格"一词演化为书体、文体之意，表示以文字表达思想的某种特定方式。英语、法语的 style 和德语的 stil 皆由此而来。汉语的风格一词在晋人的著作里就已出现（见葛洪《抱朴子》等），指人的风度品格。在南朝时期刘勰的《文心雕龙》中，指文章的风范格局。至迟在唐代的绘画史论著作中，风格就被用作绘画艺术的品评用语。近现代以来，人们广泛地在美学、文学、艺术、文艺评论等领域使用该词。

风格是由作品的独特内容与形式相统一，作为创作主体的建造师的个性特征与由作品的题材、体裁以及社会、时代等历史条件决定的客观特征相统一而形成的，是创作个性的自然流露和具体表现，有其主、客观原因。一件作品能通过风格表达相对稳定、反映时代、民族或设计师的思想和审美等内在特性。风格的形式受主、客观等多种因素的影响，具有多样性、统一性等特点。黑格尔说："风格在这里一般指的是个别艺术家在表现方式和笔调曲折等方面完全现出他的人格的一些特点。"刘勰说："……才有庸俊，气有刚柔，学有浅深，习有雅郑，并情性所铄，陶染所凝，是以笔区云谲，文苑波诡者矣。"国家公园设施也是一个作品，其风格的确定、创作和形成，与国家公园的原始特征及材料本身的"自然性"等密切相关，其风格的本源为自然，应立足"乡土"，体现国家公园的特色。

影响国家公园设施风格的因素主要有材料、色彩和构造等。

①材料对风格的影响

材料对风格的影响最大，争议也较大。天然材料能赋予国家公园设施原始特征，应该尝试发挥材料本身的"自然性"，注意材料的处理方案，尽可能还原其本性，图 1-14 休息亭、图 1-15 传统民居风格餐饮设施体现了材料对风格的影响。如果把当地出产的石材加工成规整尺寸的切割石块或水泥块的样子，或者将当地的圆木加工成像电线杆一样整齐的商用木料，就完全失去了其天然特色（吴承照，2003）。

②色彩对风格的影响

国家公园设施外观的颜色特别是木造部分，是影响景观协调的重要因素（董明华，2007）。适度色彩感的应用直接关系到设施在自然界的美观度和协调感，应特别加以重视。自然存在的颜色几乎都能和环境很好地协调起来。因此，国家公园的设施在色彩上，应充分运用生态仿生体现的环境适应性和完美进化模式的共生策略，借鉴大自然赋予野生动物的保护色，这将对他们给大自然造成的侵扰起到很大的调和作用。

③构造方案的影响

设施可以忠实地按照其本来的构造建造，这样可以将正在逐渐失传的构造方法保存下来以供研究；但是小型的以及经常被重复的设施，如小木屋，应采用虽不够独特、耐久但更经济的材料和方法，防止资源遭受破坏。每个设施在国家公园内仅仅是整体中的一小部分，设施的大小、特征、位置以及功能应服从国家公园规划及建设目标。设施必须合理地保证规划的可行性和协调性，避免设施成为昂贵而无用的"部件"集合。国家公园设施因公众的使用而存在，但并不要求它们在很远的距离就能被看到。设施应成为环境中的风景，它的存在是合理的、有益的，不突兀并与自然融为一体的。

④立足于"乡土"的国家公园设施风格

由于多种因素的交互作用，造就了设施风格的千差万别。但是国家公园设施应立足于"乡土"，也就是本源。设施的风格应在"地方的习俗色彩、民居建筑的风韵格调、园林空间的含蓄情趣，以及山野朴实的自然气息诸方面"都反映出来，从这些母体汲取营养、寻找元素、提炼创造与母体可识别的"符号"，使设施具有"充满自然情趣"的格调，显得"土生土长"，植根于"乡土"，如图1-16穴居形式窑洞建筑很好地反映了中国西北黄土高原上的"本土"特性。建造过程中应用了生态的施工方法，美学上推崇自然、结合自然，尽量使用地方材料，表现出因地制宜的特色，在整体风格上与当地的风土环境相融合，并且将当时的流行风格与其民族及地域特征相结合，形成一种混合，既赋予新的想法，又保留了传统的观念。国家公园设施"乡土"风格的地域特征来源于建设者对气候和地形条件的考虑，以及对地方材料的应用。表现手法多采用木料、织物、石材等天然材料，显示材料的纹理，感觉清新淡雅。

▶ 图1-14休息亭借鉴了海南黎族茅草种屋的搭建模式和造型，拱形设计似船似帆，以木头、竹子和茅草为建造材料，利用竹子的韧性作挑梁，利用木头作为柱子用来支撑，利用茅草覆盖屋顶，通过藤条捆绑而成，立足于乡土，在材料和构造方面都体现了独特的地域风格。

◀佤族是中国西南地区历史悠久的土著民族之一，图1-15餐饮设施采用传统民居建筑风格，用材以木、竹和茅草为主。被称为"鸡笼罩房"的"四壁落地房"是真正属于佤族人的传统民居，其结构多采用人字木架，屋顶多为歇山式或四面坡，利于泻雨和增加散热面，茅草处于很陡的角度，不会轻易被风吹散，风不进屋子，以保证屋内夜夜不熄的火塘更为安全，充分体现了地方的习俗色彩、民居建筑的风韵格调和山野朴实的自然气息，营造了独特的民族风格。

◀图1-16窑洞是中国西北黄土高原上常见的穴居建筑，利用黄土土层深厚、土质坚实黏度高的特点，就地取材，掏土成洞，虽因陋就简，但具有冬暖夏凉、绿色生态、环保经济等优点。窑洞式建筑与自然共生，体现了独特的地域风格。

（2）材料选择

天然材料比较节省能源，耐用的材料可以节省维护、生产和更换过程所产生的成本，而就地取材的材料成本较低，运输时较少造成污染，且有助于当地经济发展。材料选择时要确定材料的制造过程不会消耗大量能源、造成污染和制造废物，需鉴定从旧建筑物回收的材料和产品的功能效率和环境安全性，仔细检查回收再用的产品成分，避免使用有毒素的材料，另外，还可以探索使用新工艺和新的再生环保材料。

设施材料选择时，因设施的材料具有生命周期，应考量每一种建筑材料的生命周期能量，以及与环境和废弃物间的关系。进行生命周期分析，能够追溯对材料、副产品从最初的原料开发到修饰、制造、处理、加入添加剂、运输、使用，一直到最后被重复利用或被丢弃的过程。设施材料选择重点分析以下因素。

原料成分的来源：包括再生性、永续性、本地取得、无毒性。

原料开采的影响：包括能源投入、破坏栖息地、侵蚀表面土壤、径流造成的淤积和污染等。

运输过程：包括是否本地来源、是否燃料性消耗、是否空气污染等。

处理过程和制造过程：包括能源投入、空气/水/噪声、产生的废弃物和丢弃方式等。

处理方式和添加剂：包括化学品的运用、接触和丢弃。

使用和操作：包括能源需求、产品寿命、室内的空气质量、产生废物等。

资源回收再利用：包括重复利用材料可能性等。

◀图1-17 游步道以木材、竹子、石材等天然材料为主，木材用于栈道铺设，竹子编做垃圾箱，石材结合扶手，作小型宣教设施。座椅、宣传牌采用镜面材料加装智能设备，通过反照周边环境，让设施"消失"，彰显了"消失的设施"为主题的建造思想。

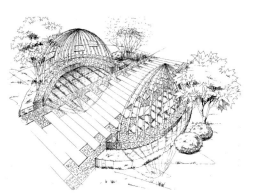

◀图1-18 休息空间以石材、竹子为材料，石板、碎石作铺装，块石作基础兼具座椅功能，通过竹子的自然弯曲，形成2个半球形的休息亭，竹间安装宣传展示牌，进行科普宣教，同时增加内衬玻璃顶，雨天为访客提供庇护场所，用材丰富、自然、功能齐备，实用舒适。

国家公园设施首选自然界的材料,如石头、泥土、植物(麻、黄麻、茅草、棉花)、木材等,图1-17、图1-18以石材、竹子为材料,进行设施建造,巧妙、自然而实用。其次选取资源可回收的产品,如木、铝、纤维质和塑料等制成的材料。最后选取人造材料(人工的、化学合成的、非再生的),这种材料对环境会造成不同程度的影响,如三夹板、塑料和铝。

(3)建设管理

国家公园设施建设管理包括决策、管理、规划设计、施工、经营、监督、后评价等全过程。决策必须以维持生物多样性和环境保育、永续发展为前提,广泛吸收社会公众意见,科学决策,开发宁少勿多,保育宁多勿少,并保持决策的连贯性与合理性。管理以永久保存具有国家代表性的资源为宗旨,严格按照国家公园核心保护区和一般控制区管控要求进行管理,禁止大挖大建,除保护管理、科研监测设施外,适当建设生态教育和自然体验设施,保持社区居民的基本生活方式,开展环境友好型的生产经营活动。规划设计必须秉持绿色营建理念,利用绿色营建方法,使用绿色材料,充分考虑设施建设对环境的冲击,对国家公园设施建设进行整体布置,力求人与自然和谐共生。国家公园设施施工要牢固树立绿色营建的理念,制定完备的措施,确保有能力控制环境冲击,使干扰降至最低。国家公园经营类项目必须是特许经营,所有经营活动都要以保护为前提,在一般控制区开展,在统一管理和社会监督下开展。国家公园设施建设管理受环保、林草、水利、质监等部门的监督,建立横向沟通平台与机制,了解国家公园定位和相关需求,综合应用监管手段,监控建设活动,确保建设和管理按规划和法规开展,寻求对环境最友善的实施方案。国家公园设施建设运营后,要开展后评价,吸取好的绿色营建建设管理经验,对不符合绿色营建理念和目标的相关设施和行为及时纠正和制止,确保设施建设对生态环境的影响降至最低。

另外,参与国家公园设施建设和管理的人员众多,包括决策者、管理者、经营者、规划设计人员、施工者、监督者和社区人员等,各角色要充分发挥国家公园绿色营建的作用,达成共识,通力协作,才能把国家公园设施建设管理好。

③ 国家公园设施绿色营建要点思考

国家公园设施绿色营建需要思考的内容有很多方面,国家公园设施产品要经得起时间考验,必须体现和谐性、地方性和实用性相统一,设施建造的人性关怀,设施与自然环境共生的整体性等三方面内容。

(1)和谐性、地方性和实用性相统一

国家公园设施宜小不宜大、宜隐不宜显、宜特不宜奢,决定了国家公园设施建设必须遵循和谐性、地方性和实用性相统一的要求。首先,国家公园设施建设要以保护为前提,尽可能减少对周边生态环境的影响。图1-19访客接待中心因地制宜,将工程融入自然,自然融入工程,将设施

建设对周边生态环境的影响降至最低，特色鲜明，自然实用。其次，设施建设要融入地方文化风俗，利用本土特色景观和元素，体现自身风俗特点与风格特征，达到文化传承、风俗传播的目的，同时设施建设尽量选用地方材料，立足"本土化"建设，从工法的选择、材料的选用与施工的规范都要随着不同的生态环境条件而改变，体现地方特色。在这方面图 1-20 牛背山志愿者之家的建设较有代表性。另外，国家公园设施建设一定要以满足功能需求为目标，一定要体现实用性原则，没有功能需求、华而不实的设施都是多余的，都是严禁建设的。图 1-21 游步道及围栏采用编织的方式呈现出与自然相融的设施。

▶ 图 1-19 访客接待中心在山峰耸立处、林茂谷深间，营建递进式院落结构的访客接待中心，建筑在山林间若隐若现，高低错落，与山林和谐统一。建筑充分利用当地工艺和材料，体现地域特色，功能上集接待、宣教、休息、咨询等功能为一体，自然实用。

▶ 图 1-20 牛背山志愿者之家营建理念精巧而具有特色，富有情趣；从建筑单元和细处入手，采用弧形屋顶、石头堆砌和石料贴面的形式建造，使得建筑与山体交相辉映。选用本地块石作为主要砌筑材料，体现地方特色。室内环境温馨自然，设有阅读区、会议交流区、餐厅、宿舍等，简洁实用。

▶ 图 1-21 步道及围栏以经久耐用的木枝为材料，以编织的方式呈现出与自然相融的设施，柔和的原木色传达着生态、熟悉和质朴的气息，地域特色浓厚，既充满意境和趣味，又非常实用。

（2）设施建造的人性关怀

国家公园设施建造要充分体现人性关怀的思想，充分考虑人类生理、心理需求和游憩行为特点，本着健康、环保的原则为不同访客群体营造舒适、安全、便捷的游览环境，多融入自然元素，多添加自然风景，为久居城市的访客提供一个绿色的环境，让人们能够看到青山绿水、听到啾啾鸟鸣、闻到馥郁花香，享受大自然的抚摸与关怀。无论是图1-22公共标识，还是图1-23游步道，或图1-24无障碍通道，都充分考虑了人和环境友好需求，结合环境进行周密细致有效的建造。

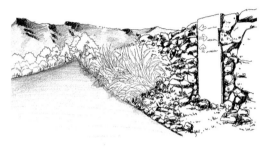

◄图1-22 在园路两侧因地制宜地设置低位公共标识，用材简洁自然，利用块石堆砌墙体，必要的地方根据高度需要设置金属导向牌，以满足不同人群的视觉导向需求，充分体现人性关怀，导向牌使用钢板，与石墙协调的同时便于识别。石墙和导向牌掩映在原生植被中，自然和谐。

▶图1-23 在游步道设计中，充分考虑人性关怀，次干道均采用无障碍化设计，使道路连接到主要景观节点，并和主路相连，形成环路。步道坡度大于8%时，每隔10~20m在路旁设置休憩平台和轮椅回转空间，以创造更人性化、更安全、方便、舒适的友好环境。

▶图1-24 在地形险要地段，设置安全防护设施，在需设置台阶地段，建设曲线形缓坡无障碍通道，配以围栏，并在中间平台设置休息座椅，为访客提供舒适而充满人性关怀的游览环境。

（3）设施与自然环境共生的整体性

为实现人与自然环境的和谐相处和平衡发展，国家公园设施建设要以环境生态为基础，以合理利用为前提，要尊重自然，师法自然，融入自然，成为环境的有机组成部分，形成人与自然永久互利共生的关系，达到"人与自然共生，设施与环境协调"的目标，图1-25香港湿地公园访客中心主动"隐身"的构建思路彰显了这一理念。国家公园内相关建设措施或行为，都要考虑与环境共生，考虑节能、环保、循环再利用，兼顾自然系统的平衡与保育，如图1-26露营设施的仿生建造。应尽量避免扩大再开发，而是在既有区域将原有设施予以复建、整建或资源再利用，转换使用形态并提升其效益，如图1-27休息亭也颇有这个特色。

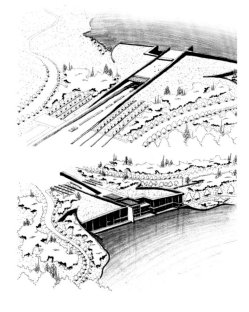

◀图1-25香港湿地公园访客中心选址在水边开阔地段，在不打破原有环境整体性的前提下，打造主动"隐身"的绿色覆土建筑，充分彰显了设施与自然环境共生的整体性。设计成功地将空间、天、水连接起来，并在屋顶铺植大片草地，访客既可以在缓缓倾斜的草坡屋顶上漫步，欣赏周围的湿地风光，也可以从地面入口穿过建筑至水边，体验多种不一样的空间变化，奇妙而独具特色。

▶图1-26露营设施以树木枝条为构成元素，造型如同架高的"鸟窝"，旨在将景观休憩空间与自然生态环境相融合，同时体现绿色、生态、环保的理念。

▶图1-27休息亭采用弧形与穹顶式设计，搭配茅草、玻璃窗，以自然简洁的配色，使建筑整体柔和、内部景观通透，与清新明亮的水景观相融合。

❹　绿色公园计划

（1）绿色公园计划的由来 ‖

绿色公园计划是美国国家公园管理局为解决管理上面临的诸多挑战而开展的一项行动，从长远规划战略方针、管理效能、恢复与维护国家公园生态的主张、积极的保护措施、提高利益相关者生态认识、减少温室气体排放、低碳生活方式、设施生态化等方面为美国国家公园未来建设做纲领性的引领，以此来适应和减少全球气候变化对国家公园带来的影响，更好地保护和发展国家公园。

美国国家公园管理局绿色公园计划包括十个方面的内容：

①不断改善环境绩效：国家公园将满足并超过所有适用环境法律的要求，并在所有设施运营中采用可持续的最佳实践做法。

②气候友好型和做好气候变化应对准备：国家公园将满足并超过保护气候所有的要求，减少温室气体排放，并对危险设施进行改造以应对气候变化。

③能源智能：将提高设施能源绩效并增加对可再生能源的依赖。

④明智用水：将提高设施用水效率。

⑤绿色乘坐车辆：将改造国家公园的车辆并采用更环保的运输方式。

⑥购买绿色产品、减废、再利用及循环再造：将购买环保产品，增加废物分流和回收利用。

⑦保护户外体验，促进健康参与：将促进健康的户外体验，并最大限度地减少设施运营对环境的影响。

⑧加强可持续发展伙伴关系：将可持续发展倡议纳入新的和现有的伙伴关系。

⑨促进界限外的可持续性：将吸引访客参与可持续发展，并邀请访客参与。

⑩绿色国家公园场地：将增强景观的可持续性。

绿色公园是充满自然万物和谐共存、生机勃勃的生态环境，是管理高效、协调运转的健康空间，是资源高效利用、人与自然和谐相处、污染全部控制、环境质量良好的生活场所，是简约适度、绿色低碳的转型升级。绿色公园将环境资源作为社会经济发展的内涵来看，是发展的内在要素。

借鉴美国国家公园建设经验，为防止"建设性破坏"，促进中国特色国家公园体制建设目标的实现（钟林生，2018），中国国家公园应制定自己的绿色公园计划，为在国家公园建设中改进工作、创新思路、创新举措寻找新途径。

（2）绿色公园计划的实现 ‖

我国绿色公园计划可以从建立绿色规划管理体系，构建绿色建造理念，强化科研的引领指导，构建科学、有效的伙伴关系，提高利益相关者生态认识等五方面来实现。

①建立绿色规划管理体系

规划必须坚持生态保护第一、国家代表性、全民公益性的国家公园理念，坚持山水林田湖草沙是一个生命共同体，遵循绿色发展理念；长期谋划和分项规划有机结合；多规合一，协同发展。

②构建绿色建造理念

"不规划自然，尊重自然规律"，设施生态化和生态设施，提倡永续性、人性化、简约化、轻量化、本土化，体现省能源、省资源、低污染原则，有效降低环境冲击及负荷，确保国家公园重要自然生态系统的原真性、完整性保护。

③强化科研的引领指导

以国家公园为平台，构建"院、研、园"三结合、多学科融合适合于自身的科研体系，服务于国家公园的管理规划建设。建立科学监测与评价体系指标，形成持续动态监测的制度，提供科学的分析数据和预测结论，为政府决策提供保障。

④构建科学、有效的伙伴关系

合作伙伴相互补位，充分发挥自身的优势来保护和整合国家公园的资源。

⑤提高利益相关者生态认识

强调对决策者、管理者、经营者、规划设计者、施工者、监管者、访客、当地社区居民、社会公众活动行为的管控要求，让公民形成法治意识、规矩意识、共享意识、保护意识，共建美好的未来。

国家公园设施绿色营建具有丰富的内容，绿色营建策略勾画了实现的科学路径，指明了建设实现的"路线图"和"方法论"，建立了较为完整和严密的理论框架。我们不能仅从理论上作简单化理解，而应把它有效地应用到实际的建造中，以新的实践使它得到新的推动，不断完善并发扬光大。

下 篇

亲近自然的杰作

国家公园设施绿色营建
Building Sustainable Infrastructure in National Parks

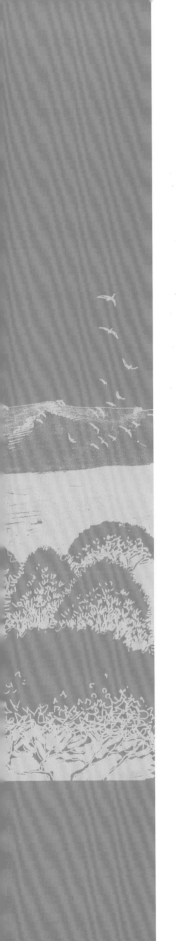

　　国家公园设施策略是国家公园建设、管理方面的纲领性原则，对规范国家公园的设施建设行为、提升国家公园建设质量，具有重要的意义和作用。国家公园的设施通过工程建设来实现，实施中难免对环境产生影响，国家公园设施建设虽不苛求完全不伤害自然环境，但也必须将其影响控制在可接受的范围内，各项设施的设计建设不能喧宾夺主。国家公园设施营建应遵循体量减小、废弃物减少、能耗减少的简约设计，大兴土木、大而无当、奢华的"高大上"设施应是国家公园设施建设的大忌。简洁即是美的自然美学已逐渐成为世界的潮流，因此，小而美能很好地满足工程减量、设施减量、空间减量的需求，应成为国家公园设施建设遵循的宗旨，绿色营建理念和方法应在国家公园设施建设中广泛应用。

　　国家公园设施在自然界中应与其他生物及环境融为一体，相依相存，彼此互惠。为实现人类与自然环境间的和谐相处和平衡发展，应以环境生态为基础，将工程融入自然、自然融入工程，尊重自然，师法自然，将人类对周边生态环境的影响降至最低，形成人类与自然永久互利共生的关系。这就需要在对生态系统深入认知的前提下，采取顺应自然的生态工法和绿色营建理念，创造亲近自然的杰作。

　　国家公园设施绿色营建理念和方法在美国、冰岛、加拿大、新西兰、南非、巴西、哥斯达黎加、瑞士等国得到广泛应用，有大量经典案例可以借鉴。我国国家公园、国家公园体制试点区、自然保护区、自然公园及台湾地区自然保护地等也在探索使用绿色营建理念和方法，取得了一些经验。虽然我国国家公园建设尚处于起步阶段，国家公园设施绿色营建实证案例相对较少，但我国自然保护区和自然公园始终强调自然保护第一，遵循绿色营建理念，在几十年的发展中创造了很多与国家公园设施绿色营建理念相一致的经典案例，取得了丰富的经验，在国家公园设施建设中可以学习和借鉴。因此，本篇从理论研究到营建实践，从建设到管理，侧重于理论与实践相结合的案例分析，完善理论与实践的统一。在分析国内外国家公园设施绿色营建案例的同时，选取了我国自然保护区和自然公园部分设施绿色营建的经典案例进行分析，展示其绿色营建的特点和亮点，以期为我国国家公园设施绿色营建提供启示、思路和方法。本篇选取的案例主要包括保护管理设施、科研监测设施、生态教育设施、自然体验设施及社区可持续发展设施5类，在对一个个案例的分析解析中，展示未来国家公园设施绿色营建借鉴的方向。

保护管理设施

国家公园保护管理设施是对国家公园实施管理、监督和维护所必需的基本设施，对国家公园的发展具有最基础的意义，通常意义中的国家公园大门、管理用房及界碑、界桩、巡护道路、防灾设施、防护围栏等其他保护管理设施就是此类设施的代表。这些设施因为管护人员和社会公众的使用而存在，其建造最令人满意的效果是设施在环境中处于从属地位，成为环境中的风景，从任何角度看其存在都是合理的、协调的。这些设施从一个侧面展示和体现国家公园形象，特别是大门和管理用房，在满足功能需求的同时，还能充分体现特色和绿色营建理念。

1 国家公园大门

国家公园大门是国家公园的重要组成部分，是连接国家公园内外的交通枢纽和节点，体现了国家公园的性质、特点等内容，并具有一定的文化色彩。作为一种门建筑，国家公园大门除具有交通组织功能、防御功能、标识功能、空间组织功能等一般功能外，还具有文化表征、传递自然保护理念等功能（李丽凤，2008）。国家公园大门设计总体上应体现简约质朴，最大限度为访客呈现国家公园内自然景观，最大限度减少人为对自然环境的干扰，凸显人与自然的高度和谐。

首先，在大门布局中，按人车分流的原则，布置分隔、导流等设施，采用交通标志与标线指示行车方向、停车场地、步行活动区，解决人流的聚散、交通及安全等问题，实现交通组织功能（沈琪和敖雷，2011）。

其次，在大门选址中，可巧借古树名木、自然美石、自然地貌等，通过其特殊的历史价值，增加大门建筑的历史文化内涵，实现收揽美景、坐享其成的乐事（李丽凤，2008）。应通过体量、尺度、色彩、风格等方面的考虑，将大门融于自然山水之中，成为点睛之笔。

　　另外，在入口大门的造型风格上，应与国家公园内建筑的风格相协调，因地制宜，结合气候条件和生态环境要求，利用国家公园现有的资源条件，采用石材、砖材、混凝土、竹木材和茅草等材料，将自然元素融入大门景观设计中。常见形态包括牌坊式、山门式、阙式、柱墩式、纯自然式、复合式。

　　除此之外，设计要把握与周围环境的关系，用调和或同类色来实现一种整体美，用对比色来突出入口；大门周边可以利用植物造景方式，通过植物点缀、软化大门建筑生硬的外轮廓，借助群植于大门旁的植物表现林冠轮廓线之美，借助孤植于大门旁的树木表现植物的个体美。一般选用树冠美观、色彩独特、观赏价值高的树木，但应注意树木姿态要与大门的结构和风格相符合。

　　设计中值得一提的是对大门外环境的营造。用树木绿化围合大门空间，富有自然情趣；以柱墩形成的大门空间视线通透，空间开朗；以洞崖、巨石、林木等扩展了大门空间，形式活泼，贴近自然，引人入胜；以亭廊围合的大门空间，富有民族特色。

　　本书选取的6个大门营建案例，各有特点，选择的元素丰富多样，体现了功能性与艺术性结合，特色性与环境相融。

案例 1 冰岛国家公园大门

冰岛瓦特纳冰川国家公园大门

冰岛辛格维利尔国家公园大门

冰岛辛格维利尔国家公园间歇泉大门

冰岛瓦特纳冰川国家公园大门质朴、简约，以两根方木作为门柱并固定"适宜"和"禁止"的标识标牌，硬质围栏以简易的钢条和绳索圈定游览范围，一方面材料易得、施工简易，另一方面通透的围栏布置可以最大限度地将国家公园内景观呈现给访客。

冰岛辛格维利尔国家公园大门采用门柱加简易铁艺栅栏的形式建造，通透性较好，配以一把独具特色的锁，简洁而具有特色，与砂石路面融为一体。大门两侧采用天然块石堆砌成围墙，自然而巧妙。

冰岛辛格维利尔国家公园间歇泉大门采用白色的砖混结构，门柱与墙体一体，双开钢丝网格铁门镶嵌其中；园墙绝大部分用钢丝网格物理分割，近看若隐若现，远观与地面环境融为一体，观赏俱佳。门柱为40厘米×40厘米的方形立柱，高1.6米，门柱上设置"禁止抽烟""禁止无人机拍摄"等标识，起到了显著的警示作用；白色门和钢丝网格墙充分尊重当地深灰色路面，相互搭配的国家公园景观，简约质朴地为访客呈现出国家公园原始自然的景观风貌。

案例 2 香格里拉普达措国家公园体制试点区大门

大门采用仿造古树的仿生手法，树皮及小树枝色彩自然，仿生效果极佳，蓝天白云、植物和建筑和谐统一；2 个野生动物雕像栩栩如生，配以黄色和红色的国家公园名称，加上国家公园标志（logo），醒目易于识别；充分利用"古树"下空间与广场合理连接，实现售票功能，自然、简洁、实用而独具特色。

香格里拉普达措国家公园体制试点区大门

案例3 丹霞山国家级风景名胜区大门

丹霞山国家级风景名胜区大门

　　大门设计采用原生态手法，充分考虑丹霞山国家级风景名胜区的特点，提取丹霞地貌的色彩和丹霞山地貌外形特征元素，融入大门设计，充分体现丹霞山特色，再配以植物点缀，使之与周围环境更加融合。

案例 4　南岭国家森林公园大门

南岭国家森林公园大门

大门设计遵循绿色、自然的理念，钢筋石笼墙是大门绿色营建的亮点，与坡屋顶有机结合，充分考虑大门功能需求，设置门卫室等，藤本植物爬到钢筋石笼墙上，增添自然野趣。

案例 5　神农架国家公园体制试点区官门山大门

　　大门采用仿生手法，汲取神秘的野人元素，结合假山堆石，配以乡土植物软化堆石轮廓，营造了栩栩如生的景观，打造主题突出、形象生动、与环境融合协调的国家公园大门。

神农架国家公园体制试点区官门山大门

案例 6　韶关乳源大潭河自然保护区大门

大门以保护区内仙门奇峡独特的峡谷、溶洞等地质地貌景观为参考，采用石块堆砌的方式建造，手法绿色生态，同时充分体现自然保护区地质地貌特征，配以植物软化轮廓，融入环境。

韶关乳源大潭河自然保护区大门

❷ 管理用房

管理用房是提供国家公园管理机构行政、办公的主要场所，为国家公园的管理、信息沟通、后勤保障提供服务，具备开展信息收集、宣传教育、运行协调、组织服务等功能的场所，包括管理局、管理分局、管护站等，是不对外开放的单位空间。管理用房设计重点在建筑规模确定、场地选址、功能布局、平面设计、造型设计、细部设计、色彩设计、材质设计、绿化及节能设计等。

首先，建筑规模确定要结合国家公园的实际，充分考量国家公园管理人员编制规模，兼顾弹性使用，通过综合分析论证合理确定。

其次，在场地选址时要综合考虑安全性、便利性、与周边环境的融合性、发展性等。要避开潜在地质环境条件脆弱危险区域，坡度不得大于30%的地区。不宜设置在制高点，以免破坏山脊线的完整。不宜紧邻特殊地貌景观或历史文化遗迹。要充分考虑交通便利性，特别是管理局、管理分局要就近安排在中心城镇。对功能相近的建筑，应尽量联建或合建。

再次，管理用房在功能布局、平面设计、造型设计及节能设计等方面应符合《绿色建筑评价标准》（GB/T 50378—2019）要求。布局应充分考虑与自然环境的融合，造型宜简单，避免繁复的装饰，减量设计，以对环境视觉景观影响最小为原则，同时应结合国家公园所在地传统建筑工法、构造形式，反映地方特色。在造型上充分利用周围的景致，适度使用穿透性强的材质，提高开放性，将户外景致引导至室内。在色彩、质感等方面体现对周围自然环境景观的适应，优先考虑天然材质的原始色彩，与环境色彩相似或类似为宜；运用当地的传统色彩或习惯用色，以凸显国家公园特色。采用自然采光、自然通风设计，创造良好的通风对流环境，建立自然空气循环系统。提高水资源利用率，将废水、雨水回用，增添必要的贮存和处理设施，形成"供给—排放—贮存—处理—回用"的水资源循环利用模式（洪卫和谢红杰，2012）。

除此之外，细部设计、材质设计也非常重要。管理用房可按照所在地的环境限制、低维护、自然生态要求等选择材料，择优选用适宜当地的建材，以当地的天然材质为宜，如高山地区考虑膨胀系数小及具自然保暖效用的材质，火山地区考虑抗硫黄腐蚀的材质或适当的处理方案。

本书选取了加拿大贾斯珀国家公园、加拿大幽鹤国家公园、美国优胜美地国家公园和我国海南五指山国家级自然保护区、黑龙江珍宝岛湿地国家级自然保护区、江西武功山国家地质公园6个区域环境不同的营建案例，不同风格的碰撞，体现形成有机生活系统的国家公园绿色营建的目的。

案例 1　加拿大贾斯珀国家公园管理用房

博韦尔特湖畔的"船屋"面湖靠山，在位置的选择上独具匠心，不仅从功能上满足了游艇的租赁和使用，同时也可以欣赏博韦尔特湖的美景。双坡屋面木结构的形制，使得材料易得又保温且便于识别；红釉的墙身，绿青蓝的屋面，明亮温暖又活泼跳跃，醒目的同时与周边自然景观相融合，田园风格与极简主义的风格得到了极好的融汇，在加拿大漫长的冬季形成了一抹亮丽的风景。

管理用房伫立在森林边缘，秉承质朴、简约的设计风格，简单的木结构建筑，原木立柱、木板围墙、屋檐至 1/3 墙面的留空，不作任何装饰，使得原生态的气息扑面而来；伸出四坡屋顶的烟囱打破了屋面的规整，镀锌铁皮屋面通过屋架与立柱连接以保证建筑稳固，增加了现代氛围。这种既保留简约实用功能，又凸显环保的理念，是北美国家公园建筑建设追求的产物。

加拿大贾斯珀国家公园管理用房 1

加拿大贾斯珀国家公园管理用房 2

案例 2 加拿大幽鹤国家公园管理用房

加拿大幽鹤国家公园管理用房

管理用房白色墙身、红色屋面，简洁明快，与屋后的植物和雪山相融合，巧妙自然。

案例 3 　美国优胜美地国家公园管理用房

美国优胜美地国家公园管理用房

　　管理用房依山而建，体量适度；建筑外墙用当地粗朴的鹅卵石拼贴，结合通透新式的门窗，以简洁的造型和线条塑造出鲜明的建筑风格。深棕、浅灰色调和非对称性的手法，轻钢结构、平屋顶、大门入口斜坡式的设计，凸显了建筑的现代主义风格，整个建筑简单轻松、舒适自然。

案例 4　海南五指山国家级自然保护区水满管护站

　　水满管护站为三层钢混结构建筑，双坡屋面采用灰色树脂瓦铺设，外墙面以灰白贴砖和干红涂料为主，大落地窗，局部退台，每层之间有修边线条和斜屋面装饰，丰富了立面层次，建筑风格充分展示了典型现代主义兼具新中式风格。入口处的台阶及局部外墙外挂楼梯的处理，既满足疏散需要，又让整个建筑外形转折有序，整齐划一又分区明确，满足管理人员日常工作、会议、休憩等多功能使用需求。

海南五指山国家级自然保护区水满管护站

案例5 黑龙江珍宝岛湿地国家级自然保护区月牙管护站

黑龙江珍宝岛湿地国家级自然保护区月牙管护站

　　月牙管护站褐色的屋顶搭配原木色的墙面,建筑风格典雅,配以实木围栏小院,清新自然而独具特色,与周边绿意盎然的环境融为一体,坡屋顶上出挑的窗户为室内提供了良好采光。

案例 6 江西武功山国家地质公园管理用房

江西武功山国家地质公园管理用房

　　管理用房位于坡脚，布局紧凑，功能齐全，三条步道将访客汇集于此，满足了访客信息咨询及后勤保障等必要服务，也便于公园管理。坡屋顶与山体呼应，建筑色彩与周围环境和谐，围栏自然布设，与草原相得益彰。

③ 其他保护管理设施

　　国家公园的界碑界桩、巡护道路、防灾设施和防护围栏等是实现科学保护和有效管理的重要基础性设施，数量多、范围广、实施条件复杂，它们的营建更应遵循生态工法。设置过程中，尽量减少对自然环境的扰动，避免破坏野生动植物资源，特别是珍稀濒危植物，在确定设立位置时，要对其进行避让。设施施工前，要对建筑材料等进行测算，按需准备材料，避免材料反复搬运；施工时，尽量缩小工作面；施工后，将建筑材料及垃圾带出国家公园，对设施周围植被进行适当恢复。

　　界碑、界桩作为明确国家公园范围和界线标志，首先，要设置在国家公园边界及管控区划的重要位置，国家公园边界拐点处、人类活动较频繁的地区或转向点适当加密；其次，宜采用石材制作，耐久性好；最后，字体和颜色采用红色和黑色，醒目且便于识别。

　　国家公园巡护道路是管理和保护巡护的重要设施，首先要以保护为前提，尽量以现存的自然道路为基础进行适当修整，路面宽度满足使用需求即可，宜窄不宜宽，以自然、生态风格为主；其次在材料选取上应使用块石、碎石、砂石为主的天然材料，同时具备自然、耐用和美观的特色。

　　国家公园内的防灾设施对减少火灾、洪水、滑坡等灾害损失发挥了重要作用，同时也为国家公园自然生态系统和访客生命安全提供了保障。防火设施在营建中应兼具防火功能和教育宣传功能，宜设置在火灾易发区域，多采用红色标识，方便识别。挡墙是防止地质灾害及洪水侵害的有效设施之一，在营建时遵循安全、绿色、生态原则，尽量减少对原始边坡的扰动，尽量减少土方工程量，在建设规模、材料选择和施工工艺等方面均要遵循绿色营建的要求。

　　防护围栏是国家公园野生动植物保护的必要设施，营造的要点是结合场地因地制宜，使其与自然环境融为一体。在材料的选择上应考虑使用自然生态的材料，一般采用石材或木材制作。在风格上需考虑多样性，避免一种类型的单调重复，同时也要考虑防护围栏的视觉效果、实用性和经济性。

案例 1　界碑和界桩

　　钱江源国家公园体制试点区的界碑和界桩采用石材制作，字体规整、颜色鲜明，有极强的辨识度。

界碑

界桩

案例2 巡护道路

钱江源国家公园体制试点区巡护步道　　　山东昆嵛山国家级自然保护区巡护步道

加拿大贾斯珀国家公园巡护步道

　　钱江源国家公园体制试点区巡护步道自然野趣，基本不做人工修饰，充分利用自然形成的砂石路面和自然泥土路面，仅部分采用块石铺砌，强调保护理念，适当考虑防滑等安全要求，尽量减少了对自然环境的扰动，巡护步道与自然和谐统一。

　　山东昆嵛山国家级自然保护区巡护步道采用该区域丰富的石料铺筑，减少了对环境的破坏，既能满足步行，也能保证防火救援车辆的通行，同时运用枯树作为泄水拦坝，防止雨水的冲刷。

　　加拿大贾斯珀国家公园巡护步道是自然形成的土路，没有人工修饰，最大限度地保护自然环境，野生动物在巡护步道旁观景休息，丝毫不受影响，彰显和谐理念。

案例 3 　防灾设施

加拿大卡纳纳斯基斯省立国家公园消火栓

加拿大幽鹤国家公园消火栓

加拿大幽鹤国家公园防火设施

　　加拿大卡纳纳斯基斯省立国家公园和幽鹤国家公园内的防火设施——室外消火栓在毗邻易发生火灾的森林、木屋等地方布置，色彩突出便于识别，连接国家公园内消防供水管网或者消防池，确保在火灾发生后第一时间得到救援。

　　加拿大幽鹤国家公园在步道围栏上设置了烟头收集器，便于访客使用，防止森林火灾。

云南晋宁南滇池国家湿地公园防火标牌

云南晋宁南滇池国家湿地公园在人流集中区域设置"禁止烟火"标牌，标牌采用防腐木材料，制作木材纹理清晰，与周围植被十分协调，画面简洁清晰，便于访客识别，能够有效发挥警示作用。

钱江源国家公园体制试点区的防洪河道做了硬质护岸，使用块石饰面，与河道内块石、卵石协调统一。右侧护岸采用高低两级护岸，低一级护岸与河道自然衔接，两级护岸间植物自然生长，形成自然过渡，同时与护岸顶上植物相呼应，软化硬质护岸轮廓，营造出自然和谐的河道景观。

钱江源国家公园体制试点区防洪河道

轿子山国家级自然保护区采用原石堆砌的方式砌筑挡墙，使挡墙顶、挡墙脚及挡墙间形成自然原生植被生长空间，植物生长自然覆盖挡墙，使挡墙完全融入自然环境。挡墙较高时根据边坡高度分级设置，分级挡墙顶适当设置种植池，点缀植物，软化边坡，与周围环境充分融合，不失为一个工程与自然结合的示范。

轿子山国家级自然保护区挡墙

案例4　防护围栏

美国黄石国家公园围栏

新西兰南岛植物围墙

云南老君山国家地质公园防护围栏

钱江源国家公园体制试点区防护围栏

　　围墙可以采用木材、石材、钢材、混凝土、砖等材料建设，或利用绿色植物营造围墙。

　　美国黄石国家公园围栏就地取材，采用原木制作，三角形围栏骨架不仅工艺简单、自然耐用，而且稳定牢固，置于路边，与周围环境和谐统一。

　　新西兰南岛采用植物作为围墙材料，充分彰显绿色营建理念，在"绿墙"上开设一个"拱门"，供人车进入，自然美观而独具特色。

　　云南老君山国家地质公园采用天然木方修建防护围栏，木方之间使用藤本植物串联固定，与生态路面和周边环境充分融合，施工简易，野趣实用。

　　钱江源国家公园体制试点区的防护围栏利用废旧汽车轮胎固定围合而成，防腐蚀性极强，施工简易，自然耐用，废旧物利用充分体现绿色环保理念。轮胎多彩艳丽，配合旁边的砂石路面，在提高警示功能的同时，营造活泼野趣的氛围。

二

科研监测设施

科研监测设施为开展科研活动提供支撑，营建的理念源于保护管理，用于保护管理。因此，科研监测设施要求不仅能为科研人员提供研究场地、科研设备、信息共享平台及休息场所等，为国家公园的研究监测能力提供保障。在设施营建中应尽量减少对自然环境的扰动，为科学研究提供适宜环境，也为公众提供探究科学奥秘的场所。

① 科研监测中心

科研监测中心作为国家公园集中开展科学研究的场所，绿色营建的理念贯穿建设的全过程。首先，要全面分析建筑所在区域的自然环境，在权衡比较对野生动植物及生态影响的前提下，合理选址，尽量布设在交通便利、人员容易抵达，且野生动植物活动较少的区域，做到平面布局科学合理、功能齐全、绿色节能。其次，要充分利用本地自然材料，根据地形和气候特点，合理利用自然资源，提高物质和资源的利用效能。最后，要保证科研用材的无污染处理，对科研活动中产生的垃圾等进行科学回收，避免对园内水源和土壤造成污染。

案例 1　上海崇明东滩鸟类国家级自然保护区湿地科研宣教中心

　　建筑毗邻河面，视野开阔，折板屋顶构成的建筑形体恰如一面帆船泛舟于湿地之上，静谧的河面、绿绿的草甸和动感的建筑构成一幅富含韵律的写实画面。科研宣教中心为钢结构建筑，建筑立面呈现"钢结构网架+玻璃窗+木构饰面"的现代建筑风格。折板屋面错落有致，为布设种植型节能屋顶提供了空间，绿植的景观使得置身于屋顶的人们产生视觉差，营造出建筑与室外湿地环境浑然一体的感觉。屋面及墙身下部用玻璃窗引入充足阳光以满足建筑内部展览及科研宣教使用，体现了技术与功能的协同。建筑入口用钢柱围合开敞空间以满足访客集散及出入使用。

上海崇明东滩鸟类国家级自然保护区湿地科研宣教中心

案例2　河南新县黄毛尖森林公园野生动植物监测保护站

　　监测保护站建筑没有复杂形体、没有多余修饰，体现了纯粹基本建筑语言的屋廊结合，既为监测保护站增添了几分灵气，又保持了乡土气息。建筑充分利用当地石材，块石砌筑墙面和围墙，块石铺贴地面，经久耐用且不乏地方特色。坡屋顶青瓦与石材颜色高度融合，仿石材围栏与建筑相得益彰，整个环境营造独具特色、绿色生态。

河南新县黄毛尖森林公园野生动植物监测保护站

案例3　武夷山国家公园皮坑监测站

武夷山国家公园皮坑监测站

　　木材建造的建筑体现了同周边环境相融的理念，具有设计灵活、建设工期短、易于整修等诸多优势。该建筑综合使用木结构、木墙、木围栏，将横向线条与竖向线条有机结合，确保建筑稳固的同时增加了韵律感，整个建筑带有浓厚的自然气息，给人一种回归自然、返璞归真之感。窗户结合坡屋顶设置，敞亮通透，通风采光很好，减少了空调等设备的使用，最大限度节约能源。建筑周围以原生植被为主，使建筑与环境融为一体。

黄河三角洲自然保护区鸟类观测站

　　观测站位于水滨，采用与自然融合的木结构建造木屋，坡屋顶茅草饰面，自然美观，对旁边的监测设备具有一定的遮挡和隐蔽效果，不影响鸟类栖息，不同功能的设施相互协作，能更大程度发挥作用。

② 智慧信息平台

新技术革新时代，互联网、大数据、云计算等信息技术快速崛起，智慧国家公园的营建使国家公园的建设更加智能、规范、科学和高效。智慧国家公园立足于利用各种技术和设备所建立的智慧信息平台，通过信息收集设备、传输设备、处理设备、展示设备的营建，实现了对各种实时信息的集中收集、处理和展示，构建了国家公园科研监测、保护管理、监测预警、社区管理、游憩管控和应急指挥调度等一整套、一体化的信息管理保障体系。通常在国家公园中，智慧信息平台设备布设的范围广、辐射区域大，设备本身对外界环境要求高，后期维护时间间隔长，采用可持续发展的绿色营建理念非常重要。因此，传输设备要尽量采用无线传输处理设备，其他设备应集中设置在管护站、管护点等人员办公区域，集约节约利用资源。

珠穆朗玛峰国家级自然保护区动物保护监控系统

珠穆朗玛峰国家级自然保护区动物保护监控系统

　　动物保护监控系统在选址时进行了充分的考量，选择了视野开阔、监测范围广的位置布设。为保障设备安全运行，特别注意避开了地质灾害区域。太阳能蓄电模式的采用，减少了电缆铺设对珠穆朗玛峰区域脆弱生态环境的破坏，简洁的构架为访客传递了节能的理念。

案例2　香格里拉普达措国家公园体制试点区视频监控系统

　　香格里拉普达措国家公园体制试点区地处高原，气候寒冷，植被生态系统脆弱，园内视频监控系统设置在自然保护地边缘，对人员容易进入的区域进行实时监控，使用太阳能电池板提供能源，采用无线传输方式最大限度地减少线路铺设对环境造成的破坏，同时适度的体量和高度的考量，实现了与环境的融合。

香格里拉普达措国家公园体制试点区视频监控系统

案例 3 钱江源国家公园体制试点区森林冠层生物多样性监测平台

　　采用塔吊形式的林冠监测平台，选址在监测对象栖息地，为揭开林冠层神秘面纱提供了技术保障。这种非入侵的方式将以往攀爬技术对树木产生的负面影响（如将附生植物从枝条基质上剥离、折断枝条、干扰无脊椎动物等）降到最低，具有"全方位、高精度、非破坏、可重复"的特征。塔吊地基深入地下，平面位置占地仅几十平方米，利用最小的建设面积，营造了最大的监测空间，塔吊颜色和周边树木一致，与周围环境融合，营造了塔林合一的景观。

钱江源国家公园体制试点区森林冠层生物多样性监测平台

③ 生态系统定位监测站

　　生态系统定位监测站的主要功能是为开展国家公园的本底调查服务，通过长期对土壤、气象、水文、负氧离子、湿度等因素的常规定位监测，为国家公园生态系统服务功能评价和国家公园建设提供基础数据，因此，在建设过程中应体现环境友好的绿色营建理念。首先，位置的选择需充分考量对动植物的影响程度，选择影响较小的区域，避开珍稀濒危动植物栖息地，与周围环境相协调。其次，在建筑造型及结构体系上力求简单，材料力求生态，规模满足监测功能需求即可，不宜过大，尽量减少对自然资源的破坏及影响。

案例1 武夷山空气清新指数站、南水湖国家湿地公园气象监测站

武夷山空气清新指数站

南水湖国家湿地公园气象监测站

　　监测站选址均在一般控制区中较空旷的区域，地势高，规模小，对野生动植物影响较小。其结构简单，使用防腐木或铁围栏对监测站进行围合保护，防止野生动物的破坏，选用木色或白色，充分与环境融合。

案例 2 山东昆嵛山国家级自然保护区国家生态系统定位观测研究站

山东昆嵛山国家级自然保护区国家生态系统定位观测研究站

定位观测研究站建设在道路旁，交通便利，建筑外立面和围墙采用钢架内填充木材和树枝的结构形式，既简单稳固又生态环保，设计新颖，线条和韵律感强，将建筑融于山林中，彰显建筑的自然特色。

三 生态教育设施

生态教育是国家公园的基本功能之一，国家公园是开展生态教育的理想场所和天然课堂。国家公园生态教育的形式、内容及主题多样化，生态教育设施为其提供场所和支撑，确保生态教育功能的有效发挥。国家公园内开展的生态教育活动主要有以室外为主的解说、体验和以室内为主的宣教、展陈，布置在适当地点的解说标识设施、科普宣教中心、自然博物馆、解说中心、野外宣教点及其他相关设施，是开展生态教育活动的重要保障。

1 解说标识设施

国家公园内的解说标识设施是指体现形象展示、信息传递、科普教育、导向警示等功能的整体设施，是解说系统的一种表达形式，通过信息的传递，采用解说、标识、说明等方式帮助访客了解解说对象的性质和特点，对国家公园内的景点、游线等节点或道路进行解说与标识，使访客能清楚、准确地辨识或了解信息，实现服务和教育的基本功能。目前，解说标识设施一般分为公共标识和解说牌两类，两种设施由于功能存在差异，在营造的过程中既有相同点，但也存在差别，值得我们在国家公园建设中加以注意。

无论是什么类型的解说标识设施，各功能区的标识应一致、信息连续、设置规范、数量合理，以多种语言展示，形成一套体系，突出每个国家公园的特色，成为展示国家公园形象和特色的窗口。

公共标识设施有游览、公共设施、危险警告、访客服务等导向、说明、提示和安全标识的功能，设计要简单、醒目、信息准确、形式多样，遵循系统化、规范化、人性化和生态化的原则。公共标识设施一般设在国家公园内重要路口节点、危险地段或事故多发地段，并结合周边环境特点进行设置。材料以生态的木料为主，综合考虑距离、版面与字体大小、颜色对比和清晰度等要素。

解说牌最能反映国家公园特色，重在体现形象展示、科普教育等功能，是国家公园的吸睛点，具有显著性、多样性和艺术性。主要布置在宣教中心、教学实习活动区域、野生动植物资源分布区、景观资源点、入口区的醒目区域等地。解说牌的建造应对数量、位置、建筑尺度、成本和耐久性进行深思熟虑的考量，通过造型、色彩与材料的综合运用，创造工程技术与美学艺术的和谐统一。在位置设置上应综合考虑安装地点的环境特点，尽量不遮挡景观。内容应简单易懂，充分考虑每个解说牌所面对的受众，精心设计解说词及图片内容，需兼具趣味性和吸引力。

冰岛辛格维利尔国家公园公共标识

加拿大班夫国家公园公共标识 1

　　冰岛辛格维利尔国家公园和加拿大班夫国家公园根据环境特点，设置了位置醒目、方向清晰、信息准确的引导标识，标识采用长方形的形状，局部采用三角形，材质以防腐木、钢板等材料为主，从人的角度出发，考虑视距与周边环境的协调性等要素，形成自然、生动的设计效果。

哥斯达黎加曼纽尔·安东尼奥国家公园公共标识

加拿大卡纳纳斯基斯省立国家公园引导标识

加拿大班夫国家公园公共标识 2

美国黄石国家公园公共标识

美国红杉国家公园公共标识

美国优胜美地国家公园公共标识

　　哥斯达黎加曼纽尔·安东尼奥国家公园、加拿大卡纳纳斯基斯省立国家公园和班夫国家公园、美国黄石国家公园、优胜美地国家公园和红杉国家公园公共标识，遵循各个国家公园的景观特点，形式变化多样。公共标识用生态的材料做牌面，以木料为主，结合石材和钢材使用，色彩、形状、样式与周边环境融合统一。标识的文字和图形适当突出显示，形成鲜明对比，在木制板面上较显眼，便于访客识别与辨认。

美国大提顿国家公园标识牌

新西兰库克国家公园标识牌

　　美国大提顿国家公园标识牌和新西兰库克国家公园标识牌都是国家公园形象、风格的代表，以木质或石材为基础材料，自然朴实，与环境充分融合。标识牌运用简约的方形框将标识的内容突出显示，内容简洁清晰，给人深刻的印象，营造出强烈的场所感。

案例2 解说牌

冰岛辛格维利尔国家公园科普宣教解说牌在国家公园内重要节点、地质构造景观处等设置，设计简单、质朴。牌体与其他设施融合设计使用，外形简洁，内容丰富，色调清雅，充分与周边环境相协调。材料以木料和钢板为主，形式多样。解说内容丰富，通过形象的图、表来体现，科普性和易读性较强，部分解说牌解说内容以多种语言展现，实用性强。

美国金门国家公园解说牌外形和材质类似，由于解说牌布置在观景台上，设置中将解说牌低于90度放置，既方便访客阅读，又不遮挡观景视线。

哥斯达黎加曼纽尔·安东尼奥国家公园解说牌结合其他设施沿着主要游步道设置，色彩以淡黄色为主，仿竹木构架，牌面设计较为简单，但设计样式多元；依据解说牌位置的不同，人性化设计与周边设施及环境高度融合，解说内容形象生动。同样，美国红杉国家公园解说牌简洁质朴，以原木构架为解说牌的主体，牌面的颜色与原木框架和谐统一，与周边的围栏相得益彰。

冰岛辛格维利尔国家公园解说牌

美国金门国家公园解说牌

哥斯达黎加曼纽尔·安东尼奥国家公园解说牌

美国红杉国家公园解说牌 1

加拿大班夫国家公园解说牌

加拿大幽鹤国家公园解说牌

美国黄石国家公园解说牌

美国红杉国家公园解说牌 2

加拿大班夫国家公园解说牌主要沿游步道及重要景观节点处设置，版面的材料以钢板和木料为主，样式变化多样，科普内容简单易读，解说内容一般为英语和法语双语设置。

加拿大幽鹤国家公园用实体沙盘的形式展现所在区域的地形地貌以及访客的行进路线，访客在进入国家公园前，能直观地感受并了解线路的走向、重要景观节点以及沿线地形走势等相关信息。这种三维立体的解说方式尤为吸引人，既能直观地为访客提供信息，又能以奇特的表现方式为国家公园增加亮点。

美国黄石国家公园、美国红杉国家公园内解说牌，解说的信息丰富，包括国家公园概况、景点的价值、特色、成因及游览的注意事项等内容，版面通过形象生动的图表展现，较为直观清晰，色彩与周围环境相协调，设计样式较为统一，以钢板为主，部分重要景观节点处的解说内容以英、法、日三语为主，其他解说内容通过英语呈现。

新西兰林科所解说牌

新西兰南岛解说牌

云南老君山国家地质公园宣教解说牌

新西兰林科所解说牌利用木材与钢材组合，采用模型和实物的方式，直观、真实地展示解说对象，让访客更清晰和直观地认识解说对象。解说牌背景选用绿色，标注解说信息，与周围环境和谐统一。

除单独设立的解说牌以外，还有依托岩石等自然景观设立的解说牌，依托新西兰南岛上的岩石设置了雕塑，与旁边的解说牌交相呼应，充分利用了景观要素，塑造景观小品、雕塑，人文与自然完美结合。解说牌立于低处，不遮挡视线，且突出了雕塑景观，自然有趣。

云南老君山国家地质公园科普宣教解说牌使用原木材料建设，利用原木材的颜色和质感，与周边环境季相完全融合，同周围环境相得益彰。所标识的帐篷营地位置图以线雕形式雕刻在木材上，清晰精致，与原木牌外框的粗放相结合，产生了强烈的对比效果，具有鲜明的地方特点。

云南老君山国家地质公园解说牌

昆仑山世界地质公园解说牌

广东省华侨城国家湿地公园解说牌 1

广东省华侨城国家湿地公园解说牌 2

云南老君山国家地质公园和广东省华侨城国家湿地公园解说牌，营造时遵循各自风格及景观元素，取材用料多样，设计风格多元，版面一般采用英、汉双语，且有自己独立的 Logo 标识。

昆仑山世界地质公园解说牌，采用了风格较为一致的表现形式，以褐红色为背景，与周边环境相得益彰且极具地方特色。

广东省华侨城国家湿地公园科普宣教解说牌，结合园内小品、游步道、相关景点及周边休憩设施布置，发挥了综合功能。解说牌采用木质材料，根据中小学生的受众群体需求进行设计，材质、色调和周边环境契合较好，造型活泼，内容生动，趣味十足，整体亲切自然。

②　科普宣教中心

科普宣教中心作为国家公园对外宣传的重要窗口，是实现生态教育的重要手段和平台。它可以通过图片、文字、录像、幻灯片等形式展示国家公园的建设背景、发展历史、自然资源、生物多样性、文化底蕴、生态环境监测、科学研究和管理方面的信息，提高公众的保护意识。它融接待、教育、展示等功能于一体，成为普及国家公园自然保护和科学文化知识，介绍生物多样性和自然生态系统的保护价值、科学价值、文化价值、社会价值及相关研究成果，扩大对外宣传、提高知名度的重要场所。

这一类设施的绿色营建，首先应满足公众开展科普宣教活动功能的需求，考虑建筑物的体量、尺度、比例、空间、造型、材料、色彩等对国家公园空间环境的影响，在保证整体性和系统性的前提下，场地设计与建造要强化国家公园固有的地域特征，材料色彩、尺度比例、主次关系以及造型风格与周边环境协调统一。其次，在设计中要充分调查周边环境，合理确定各设计要素，营造与环境和谐统一、功能完备、绿色低碳的国家公园设施，并融入宣教内容或主题，通过符号或形象化设置，保持国家公园建筑的生态性，直观体现科普宣教中心的特色，有效地展示国家公园的亮点和特点。

案例 1　大熊猫国家公园宝兴科普教育基地

大熊猫国家公园宝兴科普教育基地

　　科普教育基地主体建筑的造型融入中式建筑风格和元素，坡屋顶，立面以深色木质材料为主体，古朴自然。建筑前广场铺装和种植池饰面与主体建筑色彩相呼应，中间布置以泥土色为主的大熊猫主题雕塑，周边环境和建筑协调统一，充分体现人与自然和谐的理念。

案例 2　云南南滇池国家湿地公园科普宣教基地

云南南滇池国家湿地公园科普宣教基地

　　建筑体量适宜，外观自然，室内展出各类标本、模型、图片等呈现科普教育的解说信息，满足功能需求的同时彰显特色。木结构建筑，屋顶和墙面均以木条饰面，纵横交错的装饰木条充分体现线条美和韵律感。地板和围栏也为木质，与小料石铺装和谐统一。

案例 3 神农架国家公园体制试点区官门山科普宣教馆

神农架国家公园体制试点区官门山科普宣教馆

科普宣教馆依山就势，巧妙利用场地的高差和空间，保持现有地形，减少了土石方挖填。建筑布局高低错落，平面呈对称结构，为瀑布流水的营造提供了立体空间，中心的水景成为独特的景观。坡屋顶设计，外立面以石材与木质材料为主，外形简约。场地空间利用构思精巧，地形变化的处理成为小环境的点睛之笔，为建筑和环境增加了灵气，建筑、景观和周围环境"三位一体"巧妙融和，是一个在满足科普宣教功能的同时营造与自然环境和谐统一的绿色营建设施。馆内以标本、模型和展示墙为主，遵从客观、合理原则，在功能性与生态性二者之间寻求平衡。直观、清楚的展示方式能将布展内容详细地展现，助力科普知识的宣教。

案例 4 广东省华侨城国家湿地公园科普宣教中心

广东省华侨城国家湿地公园科普宣教中心 1

广东省华侨城国家湿地公园科普宣教中心 2

科普宣教中心室内布局依据科普展示内容及主题要求灵活设计，力求形式多样、生动活泼，特别照顾中小学生受众群体的需求。布展形式多样化、科技化，辅以灯光、影音等表现手法，营造出立体、生动、多样的环境，开展深入的宣教与科普。

③ 自然博物馆与解说中心

自然博物馆与解说中心的主要功能为宣教展示，一般结合服务访客的休憩、餐饮等功能组合式设计，通常布设在国家公园访客行进主线路或主要游憩区位置。建造以浓缩、再现国家公园内的自然面貌为目标，通过不同的展区和展厅呈现不同的宣教主题，以自然资源为基础，或以人文资源为单位，强调保护和保存自然资源和人文资源的原真性和完整性，充分展示国家公园的特色。

自然博物馆作为国家公园内进行科普教育的重要场所，依托良好的自然和人文资源，按照国家公园设施规划设计原则，通过形式多样的表现手法，使原生态的自然资源和非物质文化资源得到永久的保护与活态传承。解说中心是国家公园内各项资源宣教展示的中心，一般设置在国家公园的入口处，或景点集中、访客便于到达的区域，可根据实际需要设置一个或多个解说中心，其建筑设计应将本地建筑材料和现代设计手法及建造工艺相结合，体现地域特色及地方风情，成为国家公园内建筑的核心和代表。

无论是自然博物馆还是解说中心，室内展览设计及布展方法都要彰显国家公园特质，与室外环境设计相协调。

案例 1　自然博物馆

美国优胜美地国家公园博物馆

美国黄石国家公园地热博物馆

武夷山国家公园自然博物馆

美国优胜美地国家公园博物馆整体色彩为深咖色，窗框颜色明亮；坡屋顶，材料主要使用原木、大卵石砖瓦，几种材质色彩相近融合，质地和形态各异，统一中寻求差异，体现特色。

黄石国家公园地热博物馆以木结构为主体，覆于石墙外立面，体现了一种古朴、静谧的低调之美。建筑与周边环境很好地融合在一起，简约大气、庄严沉稳。建筑入口造型辨识度高，异形坡屋顶与木梁构架系统互相映衬，诠释了博物馆"地域性"传统建筑风格。

武夷山国家公园自然博物馆立足地域条件，采用当地传统技术，利用红岩元素，结合白墙，真正将生态意识贯穿于设计中，彰显了武夷山的资源特色。自然博物馆占地1673平方米，设置3个展厅，展厅面积近1300平方米，分"鸟的天堂""蛇的王国""昆虫的世界""兽类乐园""天然植物园""历史文化长廊""竹子文化"以及"红茶体验区"8个展区进行展示，展出武夷山国家公园内的自然景观与生物标本1000余件，成为充分展示武夷山国家公园资源和特色的重要场所。

神农架国家公园体制试点区中国人形动物科考陈列馆

三江源国家公园可可西里展示厅

大别山古树名木博物馆

神农架国家公园体制试点区中国人形动物科考陈列馆是一个主题鲜明的展陈馆。建筑平面布局充分利用地形,依山就势。外立面以仿竹材料饰面,竖线条与屋顶围栏相呼应,亮点突出,配以黑色底板、金色字体的标牌,朴实自然,整体呈现原生态、简约的风格,与陈列馆的主题相呼应。

三江源国家公园可可西里展示厅采用最具藏式特点的装饰风格、最具代表性的碉房形制,结构严密,楼角整齐,外形端庄稳固,风格古朴粗犷。藏式建筑色调、图案及材质与周边环境及文化氛围融合统一,不仅充分展示了当地的自然与人文资源,而且成为国道109上一道亮丽的风景,是了解三江源国家公园的打卡地。

大别山古树名木博物馆入口以石砌门为特色,配以石砌围墙,透着一股历史厚重感。坡屋顶、木结构与土墙共同打造出古朴、独特的建筑外形,与石门、石墙相得益彰。博物馆以古树名木为展示对象,通过解说、标识等进行展示。

案例2 解说中心

加拿大班夫国家公园解说中心

加拿大班夫国家公园解说中心宣教大厅以大空间开窗形式将室外环境引入室内，室内布展设计以访客流线为引导，与室外光影效果相融合，访客置身其间，玻璃窗外景观视廊便映入眼帘，连贯的山体一览无余。

美国黄石国家公园解说中心特色之一便是以真实生物比例大小制作的模型，实体布展设计给人直观、深刻的感受，可以加深访客对这片区域的生物演变及生存现状的了解和印象。

美国黄石国家公园解说中心

大理苍山世界地质公园苍山自然中心，坐落在海拔 3818 米的观景平台上，木质的外立面与周围的木栈道颜色一致，具有代表性的背景墙作为亮点，与玻璃墙面结合，使建筑与周围景色融为一体，而不失特点与风格。内部展示空间利用合理，有标本、图片、实物展示柜，在墙面上有动物主题的科普信息，同时为访客提供了休息空间，并配置多媒体视频，让访客在休息之余也能了解苍山丰富的资源并感受大自然的魅力，引导访客认识自然、保护自然、热爱自然。自然中心内部配有导览手册、科普读物、多媒体出版物等宣教媒介，以及动物玩偶等特色产品，让人有强烈的体验感和参与感。

大理苍山世界地质公园苍山自然中心

④ 野外宣教点

国家公园宣讲设施除了自然博物馆与解说中心等室内的宣讲场所外，更多的是在自然环境中以开放式体验为特色的野外宣教设施，通常定义为野外宣教点，它更方便公众实地考察、了解国家公园的核心价值、生态系统、野生动植物资源等。野外宣教点布置可大可小，根据宣教内容、访客量等确定，在自然资源和文化资源集中分布区，结合地形地貌，访客可达度等因素，选择适当的区域设置。营建时应结合当地地形设置，避免大挖大填，以保持自然环境为主，适当配置解说和参观设施即可。

案例 1　冰岛辛格维利尔国家公园野外宣教点

冰岛辛格维利尔国家公园野外宣教点 1

冰岛辛格维利尔国家公园野外宣
教点利用简洁的设计方法，选用当地
石材和铺装材料，结合国家公园访客
量及可到达度，设置必要的解说牌等
参观设施和访客停留空间，不仅色彩、
材质及布局与周边环境和谐统一，而
且能发挥户外自然宣教展示的功能，
满足环境美观需求。

冰岛辛格维利尔国家公园野外宣教点 2

美国黄石国家公园野外宣教点

　　宣教点告知访客在特定景观点允许拍照，并温馨提示访客合适的角度和视野可以拍出优美的照片，而不再需要用滤镜或者后期修图，同时鼓励访客上传社交网络，与访客形成互动。既可以引导或限制访客行为，也有利于国家公园内景观资源的科普宣传。

案例 3　加拿大贾斯珀国家公园野外宣教点

贾斯珀国家公园在重要景观处设置了野外宣教点，配置解说牌，延伸知识点，使访客对眼前景观和生物多样性的基本情况有深入的认知。解说牌在保证科学解析的前提下，融入教育内容且带有趣味性，增强了互动体验。

加拿大贾斯珀国家公园野外宣教点 1

加拿大贾斯珀国家公园野外宣教点 2

案例4 广东省华侨城国家湿地公园野外宣教点

　　野外宣教点布置在适宜的观鸟区，采用自然、生态的铺装材料和形式，以芦苇秆作为材料形成观鸟的自然屏障，避免扰动野生动物栖息，配置观鸟望远镜并配备使用说明。为满足不同身高的访客使用，观鸟望远镜旁设置了不同高程的树桩仿生平台，既充满人文关怀又增强了观察的趣味性。观鸟屏障和周围植被自然围合成一个生态空间，形成了一个隐蔽、自然且实用的野外宣教点。

广东省华侨城国家湿地公园野外宣教点

❺　其他生态教育设施

生态教育设施除常见的解说标识设施、科普宣教中心、自然博物馆与解说中心等外，还有众多其他类型。目前我国国家公园生态教育设施建设实践已经有了一些探索，但其分类还没有统一的标准，结合国家公园体制试点建设经验和国外现有的体系，通过研究，在上篇中总结形成中国国家公园设施分类及组成的体系表，便是一个探索性的工作。

其他生态教育设施可包含传统文化体验馆、野生植物园、生态展示点、观鸟屋、生态教育小径、志愿者之家、书店、生态教育图书馆及会议室等，这些设施在表现教育的主题上会有一些特殊要求，因此在绿色营建过程中也有不同的体现，列举出来可以起借鉴作用。

建设传统文化体验馆、生态展示点及生态教育小径，坚持社会主义先进文化发展方向，深入挖掘传统文化资源精神内涵，是建设中国特色国家公园的创造性转化和创新性探索。传统文化体验馆通过文化体验与科普宣教相结合扩展了传统文化主题的体验方式。生态展示点则更加注重现场展示，活化了民俗文化、历史遗迹、生物资源的展示。国家公园生态教育小径的线路布局是关键，既要让访客体验国家公园自然人文之美，又要在环境相容的条件下结合解说设施和教育设施成为形式多样、内容丰富的教育场所，全方位展示国家公园的资源特色、保护管理、科研监测成果。

野生植物园通常依托野外生境和植物资源、巡护步道、已有设施建设，尽量少的扰动自然生态系统，一般选择在国家公园一般控制区内资源禀赋好、野生植物丰富、生态环境良好、访客容易到达的区域。野生植物园主要展陈野生植物资源及生态系统等，结合不同国家公园的植物特征与资源特色，布置各类植物展区，辅以标本、模型、文字的解说标识，以不同形式或主题开展科普学堂、专题讲座及体验参与等活动。

观鸟屋、志愿者之家等设施建设首要考虑的是明确主体功能。观鸟屋是人和鸟类之间沟通的媒介，根据鸟类活动规律，以保护鸟类为前提，为公众提供一个观鸟、识鸟的地方 (叶斯华等，2016)。因此观鸟屋宜在视线开阔、有较好景观的区域设置，配备必要的观鸟设备和供观察学习的解说牌、观鸟图鉴等，其外观尽量与自然环境浑然一体，实现"观鸟不惊鸟"。志愿者之家是国家公园为志愿者搭建一个展示与提升自我的情感归属平台，是志愿者服务的重要场所，担负着志愿者服务的职能，它的设计宗旨正如其名一样，如一个大家庭，让每个志愿者都能感受到家给予自己的认可和从属于这个集体的情感归属。志愿者之家可根据国家公园特色和志愿者数量确定建筑风格和体量，满足志愿者交流、活动和居住需求即可，建筑宜简不宜奢，以体现特色为要点，以推动国家公园的志愿解说、访客教育、重演与演示等项目的开展为目标。

案例 1 传统文化体验馆

丹霞山国家级风景名胜区百家姓珍藏馆和钱江源国家公园体制试点区畲族民俗文化陈列馆，结合周边区域的历史文化和民风民俗，以传统文化为主题，通过展示、陈列、参与体验等方式让访客近距离体验传统文化的魅力，实现国家公园文化与自然相融、历史与现代对话。百家姓珍藏馆建筑以生态材料为主，建筑风格借鉴了当地民居特点，突出传统文化特色或主题，营造出与周边环境相协调的整体效果，使建筑立体生动。

丹霞山国家级风景名胜区百家姓珍藏馆

钱江源国家公园体制试点区畲族民俗文化陈列馆 1

钱江源国家公园体制试点区畲族民俗文化陈列馆 2

畲族民俗文化陈列馆，无论建筑装饰还是展陈物均同竹有关，用心收集整理的物件，充分展现了当地人民生产、生活场景和多样的农耕文化，而精心设计的解说标识和陈列展示让访客的体验感倍增，小小的陈列馆让畲族民俗文化得到生动诠释。

钱江源国家公园体制试点区文化礼堂

钱江源国家公园体制试点区文化礼堂,结合乡村振兴,使国家公园建设同乡村治理体系融合,无论是建筑物的外观还是内部文化展示,都充分挖掘了传统文化的精髓及亮点,将可以利用的图案、色彩等文化元素巧妙应用于建筑设计中,体验馆外观设计与室内传统文化体验内容、形式等协调统一,充分体现地方特色。

案例 2 野生植物园

大理苍山世界地质公园苍山高山植物园

大理苍山世界地质公园苍山高山植物园，以展示现有的野生植物资源为特色，在保护的前提下建设必要的步道、标识系统、解说系统、休息设施，突出了数字化技术在设施上的应用，解说牌设置的二维码可以让访客通过扫描了解、拓展更多的科普知识。

案例 3　生态展示点

丹霞山国家级风景名胜区生态展示点——石磨坊，不仅是石磨、磨盘等实物展示点，更是让人体验古老的石磨文化的展示点，展示点建筑以竹和木材为主，辅以宣教标识说明，有针对性地开展科普宣教活动，营造出一个生动的古老文化传统体验展示点。

丹霞山国家级风景名胜区生态展示点——石磨坊

案例 4 观鸟屋

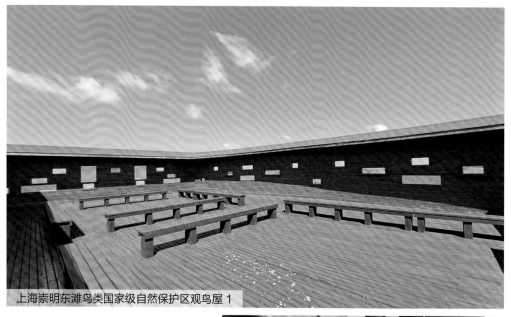

上海崇明东滩鸟类国家级自然保护区观鸟屋 1

上海崇明东滩鸟类国家级自然保护区观鸟屋设计简洁而不乏现代气息，充分利用木材的线条感和韵律感，打造观鸟墙、休息坐凳等设施，巧妙利用坡屋顶，为观鸟者打造遮阳避雨的观鸟空间。高低错落的长方形观鸟窗口与宣教牌虚实结合，满足了不同需求的访客对观鸟空间的要求。宣教牌展示观鸟者此时此刻想要了解和提问的内容，观鸟和科普兼顾，同时与坡屋顶、墙面等小环境巧妙结合、相得益彰。仿生鸟在恰当的地方"停留"，配以科普问答，巧妙、生动而有趣。整个空间四周围合，中间开敞露天，巧妙地把人类观鸟活动围合在院子里，既不影响鸟类栖息，又为观鸟者提供观鸟、仰望蓝天白云和畅想的空间。

上海崇明东滩鸟类国家级自然保护区观鸟屋 2

上海崇明东滩鸟类国家级自然保护区观鸟屋 3

案例 5 生态教育小径

哥斯达黎加曼纽尔·安东尼奥国家公园
生态教育小径

哥斯达黎加曼纽尔·安东尼奥国家公园生态教育小径，设置在国家公园内坡度平缓、承载量与可及性较高、生态系统相对稳定的区域，满足公众游憩及科普需求。小径以原生态的碎石或土路为载体，路面宽度 1.5～2 米，里程 2 千米左右，周边环绕茂密的森林植被，让人与自然零距离接触。路面平整，有基本的服务设施和宣教设施。宣教的内容包括动植物资源、景观资源和文化资源，展示方式多样，以解说式、参与式和体验式为主。同时在有些特殊地段设置了相应的防护设施，确保访客安全。

美国黄石国家公园生态教育小径，设置在坡度起伏较大的生态敏感区，承载量与可及性较低，满足深度体验自然和具有丰富徒步经验的访客需求。小径一般以 2～3 米的原生态游步道为载体，里程一般超过 20 千米，让访客亲近自然的同时，又不对生态环境造成影响。路径中有解说标识牌和宣教点，通过户外体验中的宣教解说，寓教于乐，将自然学习与徒步休闲结合到一起，给予参与者最大化的自然体验。

美国黄石国家公园内生态教育小径

广东省华侨城国家湿地公园生态教育小径　　　　云南南滇池国家湿地公园生态教育小径

　　广东省华侨城国家湿地公园生态教育小径，在城市区域的生态脆弱区，环境承载力小，设置宽度为 0.4～0.6 米，极好地实施了对访客的管控。小径采用生态的铺装材料及方式，透水自然，与周围环境协调统一，融为一体。小径上布置观测设备，解说牌示，具有很强的趣味性。

　　云南南滇池国家湿地公园生态教育小径采用最常见的方式在小径旁设置科普解说牌，解说牌上展示各种动植物的宣教信息，设置二维码识别和双语解说，丰富了科普宣教的形式与内容，适合公众开展科普教育活动。

案例 6　志愿者之家

大理苍山世界地质公园志愿者之家 1　　　大理苍山世界地质公园志愿者之家 2

　　作为志愿者培训、工作、生活的地方，大理苍山世界地质公园志愿者之家与苍山自然中心联合设置，不仅满足了志愿者开展环境保护、生态科研等方面的志愿活动，同时也构建了一个志愿者展示与提升自我的平台，成为志愿者的精神传承之地。木质的建筑外立面与周围的景色融为一体，室内将每一期招募志愿者的志愿服务、联谊、观摩等活动用照片墙的形式记录下来，有助于促进志愿者之间的情谊及凝聚向心力。

案例 7 美国黄石国家公园书店

美国黄石国家公园书店以小木屋的设计形式坐落于国家公园内，简约的表达方式使其具有最佳的紧凑性。小小的书店木屋周围被森林环绕，与淡绿色的坡屋顶共同营造静谧的氛围，给人一种轻松、亲民的阅读体验，使这里成为与国家公园共生共长的精神家园。

美国黄石国家公园书店

案例 8　香格里拉普达措国家公园体制试点区生态教育图书馆

　　香格里拉普达措国家公园体制试点区碧塔海生态教育图书馆依托碧塔海重要湿地优美的自然景观和丰富的生态教育资源建设，在建筑外观上，具有当地藏族文化的特点，与园内其他建筑的颜色、风格统一。外墙采用落地玻璃墙面，可以让访客通过窗户有更好的视野欣赏周边风景。建筑由两层构成，内设餐饮店、图书阅览点、布展空间、环保车站、卫生间等，馆内藏书汇集了以藏文化生态智慧为核心的生态文明领域各类书籍，在布展细节上穿插藏八宝、香格里拉叶须鱼等特色元素，成为雪域高原上集阅读、文创、休憩等功能于一体的中国特色国家公园生态图书馆。

香格里拉普达措国家公园体制试点区碧塔海生态教育图书馆

案例9 南非匹林斯堡国家公园塞布尔会议室

在南非匹林斯堡国家公园内的塞布尔会议室是一个隐藏在丛林里的一层建筑，外观采用了非洲传统又独具特点的茅草屋样式。外观上看似祖鲁族在部落时代的简陋住所，内部却带有非洲风味的现代化装饰，极富非洲特色，俨然从一种部落陋居，成为非洲国家公园代表性极强的独特景观。

南非匹林斯堡国家公园塞布尔会议室

四 自然体验设施

　　国家公园良好生态环境是最普惠的民生福祉，国家公园坚持全民共享，为公众提供亲近自然、体验自然、了解自然以及作为国民福利的游憩机会。中国特色的国家公园将承担起人民日益增长的美好生活需要和不平衡不充分发展之间矛盾解决的重任，自然体验成为未来国家公园实现自然资源和生态环境保护及资源非破坏性开发和非消耗性利用的基本策略，让民众领略国家公园独特的自然资源、人文资源和独特景观，实现公众游憩、教育和娱乐的功能。国家公园自然体验设施为访客开展自然体验活动而设置，包括访客中心、住宿设施、交通设施、停车场、公厕、休憩设施和其他自然体验设施等，为访客提供咨询、餐饮、购物、交通、住宿和休憩等服务。国家公园自然体验设施在体现保护优先、可持续发展及环境教育原则的基础上，根据国家公园设施建设可持续发展、绿色、生态、环保的要求，均设置在国家公园一般控制区或国家公园外围区域。国家公园自然体验设施遵循绿色营建理念，仅提供必要的功能即可，避免多余、无功能的设施项目和怪异的形式设计及过度舒适化、复杂化形式的设计。

1 访客中心

　　访客中心以为访客提供咨询服务为最主要的功能，其设置包括服务、展示、解说等各项软、硬设备，为访客提供各类信息（吕晓琪，2017），有些国家公园的访客中心也可以适当提供餐饮和特色商品购物活动。访客中心一般可根据国家公园的设施布局要求，单独建设或结合解说中心、宣教中心、小型急救中心设置。访客中心作为国家公园内主要建筑之一，最能从一个侧面体现国家公园的形象，因此，其设计和建设在满足使用功能的前提下，要从风格、选材、色彩等方面充分体现国家公园特色和亮点，使其成为国家公园的代表性、地标性设施。

案例 **1**　加拿大班夫国家公园访客中心

加拿大班夫国家公园内访客中心 1

加拿大班夫国家公园内访客中心 2

　　访客中心背靠山林，顺应山体走势，面向游道而建，建筑大气且契合整体区域氛围，给人以简洁大方、轻松的感觉。大窗及阁楼形式的斜坡屋顶，色彩丰富、线条流畅，整体氛围悠闲灵动且自由开放。整个建筑立面呈"三段式"构图，第一段为基身到大门中部位置，拾级而上，高度 1.7 米左右，外墙用灰褐色片石张贴；第二段由门中部至屋檐下部，墙体以白色涂料为主，用铁黑色线条修边增加外立面符号，丰富外立面元素；第三段为屋檐至整个屋顶，双折线坡屋面且突出"哥特式"尖顶，屋面用片瓦铺设，典型的北美建筑风格。访客中心室内造型简洁，追求合理的构成工艺，室内空间利用仅以布展和挂图为主，没有多余的装饰，方便实用，能最大化地满足访客使用需求。

案例 2 加拿大幽鹤国家公园访客中心

访客中心依山而建，按照布展、访客路线设计要求对建筑空间、功能合理划分，结合停车空间、餐厅等公共服务设施设置，完善服务功能。建筑采用钢结构，屋面根据各功能分区的不同形成折板、单坡和穹顶相结合的形式，建筑形体上起伏变化，错落有致。尽管建筑层高较低，但采用金属屋面搭配贴石和木色装饰外墙，增加了视觉延伸；通高的开窗和门洞以及钢结构屋架搭接柱体和承重墙，处处彰显着现代工业风的粗犷与质朴；造型简洁的外立面采用"减法"设计，虽没有多余装饰，却能体现这一独特区位的标志作用；材料自身考究特质和色彩配置的效果，是现代风格建筑融合当地建筑材料及做法为一体的建筑风格形式。

加拿大幽鹤国家公园访客中心 1

访客中心内部装饰装修采用钢屋架外露，局部用木板包裹装饰的方式，让室内钢柱、吊顶与电气设施的布置完美融合。墙面白灰色调点缀，简洁且富有现代气息。为咨询服务的视听功能产品或自动化设施布展位置一目了然。室内构件节点精致、细巧，满足访客咨询等相关服务需求的前提下展现室内装饰的技术美学特征，延续现代主义工业风。

加拿大幽鹤国家公园访客中心 2

案例 3 新西兰库克国家公园访客中心

新西兰库克国家公园访客中心

新西兰库克国家公园访客中心掩映在山脚树林中，木质屋顶、梁柱和灯具透着古朴的气息，透亮的玻璃窗方便访客观景，有序的座椅在为访客创造休憩空间的同时，也提供了一个开阔视野，很好地将清晰的山麓、山峰展现在眼前。

案例 4 金门湿地访客中心

金门湿地访客中心

　　金门湿地访客中心是半沉水式建筑，为访客提供休息和餐饮空间，访客在室内休息时可以透过玻璃看到水生生物，自然而独具特色，配置布置的宣教展板，可以让访客了解更多金门湿地的相关知识。

案例 5 武夷山国家公园访客中心

　　武夷山国家公园访客中心三个三角形立面组合的仿"山"造型起伏且和天际线统一是其最大亮点，是公共建筑现代主义风格的综合体现。建筑采用大跨度空间结构，以保证室内呈现无柱的大空间格局，满足访客集散及大型展览需求；通过连续折板屋面形式实现立面造型与周边山体相协调的特征，保留混凝土外表特质以红色搭配原色边角修饰，体现了建筑材料的原生态风格特征。入口处的"模块推拉"形式深入建筑内部，连续的门窗洞口营造内部通透的光景效果，无规则布置条窗等建筑元素使得建筑立体生动，建筑很好地融入周边环境，看不出太多的人工雕饰。

武夷山国家公园访客中心 1

武夷山国家公园访客中心 2

案例6　上海崇明东滩鸟类国家级自然保护区捕鱼港访客中心（兼管护站）

　　访客中心建筑整体体量较小，主体为钢混结构。外墙采用浅色调的墙砖搭配深色调的木材，简洁实用、接近自然，折板屋面形式契合捕鱼港的建筑风格，更加使得建筑整体呈现乡土气息，与周边湿地环境融为一体；访客中心外廊用木栅格围合开敞空间，既能满足访客驻足观光，又能分散一部分人流，构成访客中心内外流线清晰且互不干扰，不失为一个不错的本土化、现代简约风格建造的经典案例。

上海崇明东滩鸟类国家级自然保护区捕鱼港访客中心（兼管护站）

② 住宿设施

国家公园一般控制区内或邻近地区要为访客提供住宿和休憩等服务，提供必要的住宿设施。一般可根据国家公园位置、布局等要求，布置露营设施、避难屋及民宿等国家公园住宿设施，以保障访客在外暂住的需要。

为满足访客体验当地风情，亲近自然、感受自然、回归自然，净化心灵的需要，国家公园内露营设施的设置一般分为3种：访客帐篷搭建场地、露营帐篷群和房车营地。在选址上充分考虑所处自然条件、基底环境、游憩区位及环境保护要求，避免设在强风、落石、洪泛泥石流等自然灾害危险区域。在设计上明确设置形式、住宿方式、规模大小和设施配置标准，重点考虑营区和营位布局、基本营位标准、公共设施、色彩、水土保持等，同时建立维护和管理机制，杜绝对国家公园内环境造成污染。

为提供访客临时避难、中转、等候救援及简易救助处理和紧急通信使用需求的国家公园避难屋，在布设上应考虑安全性、便利性等因素，根据需要可集中建设，也可分散建设；避免设置在积雪、雪崩、土石崩塌、洪水、地质灾害等不良地质和气象灾害的区域；尽可能配套水电、通信设施；周边有可供设置的停机坪空间为宜；不宜破坏周边自然景观、历史文物古迹。在建造上遵循耐久性和坚固性，考虑光照、水源、朝向、视野等建筑要素，遵循绿色建筑设计，采用成品化、容易组装、质轻易搬运或现地材料建造。避难屋还可提供登山者中途休息或短暂住宿停留（聂玮，2015），实现环境监测、休憩住宿、紧急避难、简易救助等多种功能。

为鼓励国家公园社区共建、共管、共同发展的新型模式，贯彻国家乡村振兴战略，依托国家公园内现有及周边特色乡镇、村落、社区住宿设施进行改造升级，让访客在具有当地人文特色、地方风格的住宿形态中体验当地风情，也是中国特色国家公园绿色营建理念的探索。在文化上，挖掘和突出当地文化元素，以保留并凸显地方元素为前提，保持建筑外观的传统风格。在细节上，打造家居的舒适性，对现有基础设施进行情怀化、个性化提升改造，在具备基本住宿接待能力的条件下追求与住客的精神共鸣。在本质上，要保持当地民居风格，彰显地域人文、民俗民风特色，还要营造有故事、有情感、有品质的生活空间。

案例 1 露营设施

加拿大贾斯珀国家公园内露营单人帐篷

云南老君山国家地质公园露营单人帐篷

云南老君山国家地质公园露营帐篷群

加拿大班夫国家公园房车营地

　　加拿大贾斯珀国家公园的露营设施布置在林草间，提供了一个环境较好的场地满足访客帐篷搭建需要，以木屑铺设作为基座，配备自带和租售两种形式露营设备，弹性使用，以满足不同访客需求。帐篷收纳方便，不占空间，方便访客充分体验参与性最强的、自己动手搭建帐篷的乐趣，这种全身心投入大自然的怀抱、抛下时间的束缚、享受随性的体验也是国家公园感悟自然的极佳方式。

　　云南老君山国家地质公园内露营帐篷群，营地帐篷结构全为预制件，运输和搭建方便，立地条件要求简单，无须改变地形地貌及植被景观，完全融入自然。帐篷之间布设了一定的距离，满足访客私密性和安全性的要求，营地内严格控制帐篷规模数量，最大限度地减少对环境的影响。帐篷外部是融入自然的，帐篷内部则是现代的、舒适的并具有少数民族特色的，完全能满足访客个性化的住宿要求。帐篷的造型本身就是一种别样的风景，一个个帐篷星罗棋布，就像把白云装点在草原上，日出山间的晨光，恬静温柔的夕阳以及繁星满天的星光，目光所及都是绝美的景致。

　　加拿大班夫国家公园房车营地是为满足访客居家旅行而营造的一个"车轮上的家"，兼具"房"与"车"两大功能。房车的基座用铝合金和钢架建造而成，上下各有地板和屋顶，操控按钮即可搭建一个户外之家，可以让访客随意支配自己的移动空间，同时避免潮湿、蚊虫、野兽的户外攻击，给访客带来不同的体验。

案例 2　避难屋

避难屋1

避难屋2

　　避难屋位于高山地区，采用原木建造，与周边地形、自然环境完美结合，坡屋顶与周边山体遥相呼应，相得益彰，为访客在极端天气和紧急情况下提供避难和休息场所。

　　哈巴雪山自然保护区避难屋位于高山地区，采用当地的木材和石材建造，原木和毛石完美结合，与周边环境和谐统一，自然且充满野趣。

哈巴雪山自然保护区避难屋

案例 3 　民宿

加拿大班夫国家公园民宿为钢筋混凝土结构，面砖贴饰外墙搭配原木窗框、出挑等相关构件，黑漆栏杆及条式大窗简洁素雅，又独具韵味。框架构件节点精致细巧，使用点、线、面等最小视觉元素和材料原色体现建筑设计主题，是将工业风与古典风相结合的经典民宿。

加拿大幽鹤国家公园内的民宿结合园区内景点和访客的需求分散设置，以木结构装配式建筑为主，是由阁楼、坡屋顶、丰富的色彩和流畅的经典元素组合而成的建筑风格，保留了加拿大生活标志的牧场风格的别墅造型。建筑设置外走廊与阳台，窗洞上伸出尖顶屋面，并突出烟囱造型，充满了加拿大浪漫情调的唯美装饰，整个建筑自由开放又具有浓郁的乡村感。

加拿大班夫国家公园民宿

加拿大幽鹤国家公园民宿 1

加拿大幽鹤国家公园民宿 2

加拿大幽鹤国家公园民宿 3

加拿大幽鹤国家公园民宿伫立湖畔，至清、至静、至纯的景致，天然带一份禅意，给人轻松与超脱之感。栋与栋之间有一定的安全距离，建筑保留材料原色，外立面不做多余赘饰，白山绿翠之间，营造宁静祥和的住宿环境，与大自然和谐共生。

加拿大幽鹤国家公园民宿是"民宿综合体"，两层建筑，由自然界原始木材修筑而成，是具有显著风格的手工匠式房屋，在上等木料的框架中运用嵌入式工艺的特性，弘扬了传统手工营造艺术的唯美，内部空间分割成若干房间单元，通过外走廊与外挂楼梯进行交通连接，低坡度的房顶、较高的天花板和大面积的房间，建造容易，维护简单，住宿环境虽不奢华，但隔热保温效果明显，经济实用。

加拿大幽鹤国家公园民宿 4

　　美国优胜美地国家公园民宿为石砌体结构建筑，主体框架用当地石料支撑，并搭配钢材、木料等材料对门、窗、阳台、栏杆等构件进行装饰，具有浓郁的地方特色，颇具中世纪欧洲古典建筑罗曼式教堂风格。建筑一层较高，长长的大厅作为餐厅使用营造出热闹、喜悦的氛围，二层为住宿空间。与质朴、厚重、粗野的外立面不同，室内装饰现代时尚、风格典雅，裸露的结构表皮与时尚的家居形成鲜明对比，室内空间更加注重发挥材料本身特点和使用功能至上的原则。

美国优胜美地国家公园民宿

美国优胜美地国家公园民宿内景

美国黄石国家公园民宿

神农架国家公园体制试点区民宿

美国黄石国家公园民宿位于山前平缓区域，设计风格倡导"回归自然"，体验乡村式的居住环境。小屋倾斜的三角形天花板让人联想起风帆，菱形隔断塑造开放自由空间，与小屋风格搭配相得益彰，是访客追求的民宿风格，不一定极致奢华，但一定独特有趣。

神农架国家公园体制试点区民宿是一座用天然材料搭建而成的圆形小屋，全木质的内部空间像极了白雪公主和七个小矮人居住的屋子，宛如童话。屋顶以当地木材分两层叠置，形状似蘑菇，层次感分明，墙体用片石镶嵌成圆弧状，厚重沉稳，藏匿于山野林间，亲近自然。民宿旁的步道采用块石铺装，小草自然生长，软化硬质铺装，自然而有趣，在这里可以体验农耕生活，能真切感受到它的原始与静谧、温馨和自然。

③ 交通设施

国家公园交通设施围绕服务国家公园保护管理、科研监测、科普宣教、自然体验、社区发展等功能要求，起到导引人流、疏导交通、提供访客体验渠道、分隔与联系空间的作用，贯穿于国家公园的不同区域，是国家公园重要设施之一。因其涉及面广，成为造成环境冲突的重要因素，设施营建过程中遵循可持续发展和环境友好理念非常重要，只有尊重物种多样性，减少对资源的影响，维持植物生境和动物栖息地的质量，形成有机生活系统、提升资源利用效能，确保设施和自然环境两者之间"物我同舟、天人共泰"，才能实现环境生态与设施融为一体。总体布局方面，国家公园内交通设施的进入应考虑依据环境自然度、管控区定位要求，在环境保护前提下，适当设置环境容许的交通设施的密度、规模、种类及配套设施，并赋予适当管制措施。设计技术方面，国家公园内交通设施线路要以自然选择为导向，宜依地势布设，山坡、平坡连接，弯、直设计合理。虽然国家公园内的交通设施种类较多，但目前以行车道和游步道为主。

行车道为国家公园专用性质的交通设施，是满足国家公园内联系、运输、急难救助及生态教育等需要的必要设施，行车道一般可分为机动车道、自行车道和混行车道。鉴于行车道的设计技术在国内相对成熟，研究也比较广泛和深入，在绿色营建中应合理反映地形地貌限制、合理反映交通量，满足安全性、经济性，遵循环境结合与环境保护，科学合理确定相关的设计要素。

在行车道中，自行车道因低碳环保、绿色健康，逐渐成为访客对国家公园多样化自然体验途径的重要设施，随着全球环保运动和低碳节能的盛行，在建设中国特色国家公园中，专用自行车道将成为国家公园未来道路交通的重要组成部分。在绿色营建中应根据地形环境，坚持系统、安全、减量以及与环境相融合，合理规划，凸显舒适性、趣味性及教育性。

游步道为国家公园内通往景点、景物供游人步行游览观光的步行道路，兼具休闲、教育与保育功能，因具有引导、环境及文化作用，以步道系统为脉络，串联国家公园内的各个自然体验区及景观点，延伸公共活动空间，奠定了自然体验基础。在绿色营建中应因地制宜，最好选择体现沿线具有代表性的人文特征或自然特征区域建设，选用自然材料，根据自然地势设置，按照路面铺装形式分为原生态式、铺砖式、砂石式、石料铺砌及栈道式等类型。

案例 1 　行车道

加拿大卡纳纳斯基斯省立国家公园行车道（沥青路面）

加拿大卡纳纳斯基斯省立国家公园、加拿大贾斯珀国家公园、美国大烟山国家公园内行车道，为沥青路面，呈现本土化、综合性、绿色化，干净整洁，最大限度地减少对环境的影响。便于通达，一般用于客流量大的区域，连接园区内主要游览景点、访客服务区、行政办公区等主要道路，突出国家公园道路沿线的环境特质及风貌。

加拿大贾斯珀国家公园行车道（沥青路面）1

加拿大贾斯珀国家公园行车道（沥青路面）2

美国大烟山国家公园行车道（沥青路面）

哥斯达黎加曼纽尔·安东尼奥国家公园行车道（砂石路面）

　　哥斯达黎加曼纽尔·安东尼奥国家公园行车道为砂石路面，是园区内次要道路，以满足访客骑行、观光为主要功能，这类路面经济环保，与自然环境的亲和度较高，道路的材料多以园区内自有材料为主。

冰岛辛格维利尔国家公园行车道 1

冰岛辛格维利尔国家公园行车道

冰岛辛格维利尔国家公园行车道 3

冰岛辛格维利尔国家公园行车道

冰岛辛格维利尔国家公园行车道朴实自然、线形因地制宜，在石化的火山岩土地上顺山势布设、随河势蜿蜒、纵断面随地形起伏，"走势与山势、河流、峡谷等自然地貌融合"，基本上不会破坏山体或水系。行车道穿行广袤寒带苔原的平原、浅丘区的路基设置成低矮路基，使公路与舒缓的地形融为一体，减弱了公路分割自然的负面效果。在大自然中出现的公路仿佛就是自然的一部分，就是一道风景，没有与自然形态相拗的视觉感受，保持了公路与自然景观的协调性和融合性。

案例2 自行车道

加拿大贾斯珀国家公园自行车道

加拿大贾斯珀国家公园运用硬路肩作为自行车道，采用透水混凝土路面，不单独设置自行车道，减少路面宽度，具备完善的标志、交通管制措施，遵循国家公园绿色、生态、环保理念。

案例3 原生态式游步道

加拿大班夫国家公园游步道 1

加拿大班夫国家公园游步道 2

加拿大班夫、卡纳纳斯基斯省立、幽鹤、贾斯珀等4个国家公园及冰岛斯奈菲尔冰川国家公园、美国黄石国家公园、美国北卡州国家公园、巴西伊瓜苏国家公园等国家公园游步道，是国家公园游步道绿色营建先进理念和实施经验可借鉴的案例，这些设施已经成为引导访客接触自然、体验自然最重要的路径。营建中注重顺应地形地势，蜿蜒盘桓，贴近自然，就地取材，省工省力，契合周围环境，是"虽由人作，宛自天开"的典范，体现了设施、人为与自然"天人合一"的理念。游步道重视细节设计，通过对路边界进行限定，防止路面宽度的盲目扩大，对生态环境脆弱的、非黏性土土壤区域性质的国家公园建设更具借鉴意义。

加拿大班夫国家公园游步道 3

加拿大卡纳纳斯基斯省立国家公园内游步道

加拿大幽鹤国家公园

加拿大幽鹤国家公园游步道

加拿大贾斯珀国家公园游步道 1

加拿大贾斯珀国家公园游步道 2

冰岛斯奈菲尔冰川国家公园游步道 1

冰岛斯奈菲尔冰川国家公园游步道 2

美国黄石国家公园游步道 1

美国黄石国家公园游步道 2

美国北卡州国家公园游步道

巴西伊瓜苏国家公园游步道

案例 4 铺砖式游步道

冰岛斯奈菲尔冰川国家公园游步道

加拿大幽鹤国家公园游步道

广东省华侨城国家湿地公园游步道

冰岛斯奈菲尔冰川国家公园、加拿大幽鹤国家公园、广东省华侨城国家湿地公园游步道采用铺砖式路面，常用于潮湿多雨且地基易泥泞沉陷的区域，砖就地取材、透水性好，运用传统工法技术建造，在为访客提供坚实路面的同时，节约投资，环境特征表现强，经过时间的沉积，路面与地面环境融为一体，特别适合应用在有历史特征的半原生态地区。

案例 5 砂石式游步道

　　冰岛瓦特纳冰川国家公园游步道采用本地现有或惯用的砾石材料，排水性良好、铺装简单、易于施工，成本低，通过性较好，与环境整体融合、耐候性佳且易于维护管理，生态环保。

冰岛瓦特纳冰川国家公园游步道

案例 6　石料铺砌游步道

武夷山国家公园游步道（碎石路面）　　钱江源国家公园体制试点区游步道（块石路面）

钱江源国家公园体制试点区游步道（鹅卵石路面）

　　武夷山国家公园、钱江源国家公园体制试点区的游步道根据用材规格的不同分为碎石路面、片石路面、石板路面等种类，路面透水性较好，且易融入自然环境，普遍适用。选取的材料往往来自当地，就地取材，接近自然，确保安全同时又增加步道的美感和舒适性。步道护栏不仅起到了保护和约束的作用，而且通过个性化、本土化、自然化的营造，增添了特色及乡土气息。钱江源国家公园体制试点区游步道护栏采用原石堆砌或采用仿生设计而成，安全、自然且独具特色。

案例 7　　栈道式游步道

哥斯达黎加曼纽尔·安东尼奥国家公园游步道路
（架空式）

栈道式步道建造遵循地形地貌，遇山开道、过河搭桥，通过架高步道为下层空间内原生态环境留足发展空间，本身就遵循了绿色营建的理念。哥斯达黎加曼纽尔·安东尼奥国家公园为热带雨林性质的国家公园，因植物生长旺盛，为了防止破坏植物，多采用栈道式游步道，保障通行效率又降低了养护费用。在建造的过程中，注意细节，充分尊重自然因素，在植物根茎以上修建道路，避免了挖树铺路，对当地环境进行了最大程度的保护。

祁连山国家公园体制试点区及美国黄石国家公园是生态脆弱及高海拔、高纬度的草原等类型的国家公园，国家公园内的游步道建设为了减少对脆弱植被的破坏，采用架空式的游步道，区隔性高、对环境干扰少，既能满足访客的使用，又能与环境高度契合。

祁连山国家公园体制试点区游步道（架空式）

美国黄石国家公园游步道（栈道式）

冰岛瓦特纳冰川国家公园临水游步道（栈道式）

冰岛瓦特纳冰川国家公园临水游步道紧邻河湖等潮湿区域，地基柔软；选用原生态路面往往容易造成路面塌陷，行走困难；选用水泥沥青等路面，造价高，处理地基等工程量大，对周围生态造成较大的影响。栈道式最为适宜，不仅安全，而且大大减少了对周围环境的扰动和影响。

案例8 桥涵

冰岛辛格维利尔国家公园简易木桥

冰岛辛格维利尔国家公园桥梁

桥涵通常为国家公园的行车道或游步道跨越沟渠地段的需要设置，根据使用功能需求、跨越长度、区内材料及周边环境科学确定结构形式。冰岛辛格维利尔国家公园跨溪简易木桥不拘于形式，采用自然的木板制作，实用简单，融于自然，并且容易更换和维修。

冰岛辛格维利尔国家公园跨河桥梁由于所跨河流宽、跨度大，因此使用钢架结构承重，坚固耐用，钢架上铺设木板，自然实用。

钱江源国家公园体制试点区石拱桥1

钱江源国家公园体制试点区石拱桥2

钱江源国家公园体制试点区石拱桥利用国家公园内丰富的石材砌筑，古朴自然、美观实用，与两侧怪石嶙峋的石质河道环境完全融合，桥身上长满草本植物和青苔，使拱桥成为自然环境的一分子。

钱江源国家公园体制试点区仿生桥1

钱江源国家公园体制试点区仿生桥2

钱江源国家公园体制试点区仿生桥桥墩采用石材砌筑，与河道自然衔接，桥身采用树皮仿生设计，与周围植被和谐统一，围栏采用树根仿生设计，与桥身异曲同工，彰显特色的同时突出绿色营建理念。

大围山国家级自然保护区吊桥采用钢索结构，确保吊桥的安全性，步道采用木板拼制，配上绳子编制的护栏，简单自然且具有特色。

大围山国家级自然保护区吊桥

案例 9 美国优胜美地国家公园隧道

美国优胜美地国家公园隧道

　　隧道是穿越地下、水下或山体的结构物，较多应用在地势复杂的地段，避免对山体的过分开挖或公路越岭造成的路线过长。国家公园内隧道应用可减少山体表面的破坏，减少对国家公园内野生动植物的影响。美国优胜美地国家公园通往观景台的道路，用隧道形式通过，最大程度减小表面开挖，尽量减少对周围环境的扰动，隧道口充分利用山体基岩，保持自然状态，除必要的指示和照明外，不做过多装饰，与周边环境协调统一。

4 停车场

国家公园停车场是为访客、管理人员使用的交通工具提供停车服务的场所，必要时可提供车辆紧急修缮、暂时停放及防灾避难，也可作为直升机临时起降坪。停车场绿色营建的理念体现在以下三个方面。首先，选址应结合国家公园的交通设施布局、顺应地形地貌设置，特别提倡运用地形、最大限度保留植被，不破坏环境等，让停车空间融入自然。其次，考虑坡度平坦、排水良好处，尽量采用透水性铺设，选用具有耐候性、耐压性、耐磨性材质。运用现地开挖的碎石、落石等作为基础铺设，降低建设成本。第三，配置适量的节能型入口标示、指示标线设施、全区配置说明告示牌、照明设施、遮阴及隔离植栽、垃圾桶设施等。

按照地面铺装形式的不同，停车场可划分为原生态停车场（原生泥土路面）、水泥（沥青）路面停车场、砂石（铺砖）路面停车场等类型。

冰岛辛格维利尔国家公园生态停车场

案例 1 原生态停车场（原生泥土路面）

冰岛辛格维利尔国家公园停车场，结合地形、地势以及车辆的种类分区设置，同休憩场地相结合弹性布置使用，借助低矮的块石围合自然式区分了停车和非停车区域。地面采用冰岛的火山碎石铺设，透水性好，施工简易，对自然环境的人为干扰最少，与自然环境最融合。

冰岛辛格维利尔国家公园生态停车场 1

冰岛辛格维利尔国家公园生态停车场 2

案例 2　水泥（沥青）路面停车场

冰岛斯奈菲尔冰川国家公园停车场（沥青路面）

加拿大班夫国家公园停车场

美国大烟山国家公园停车场

冰岛斯奈菲尔冰川国家公园停车场施工简单快捷，路面整洁。虽然造价较高、透水性相对较差，但表面有弹性、舒适度高。冰岛独特的地理气候环境，国家公园内高大乔木植被少，致使停车场及其周边显得空旷而没有遮挡，但是由于材料应用得当，与周边的环境统一协调。

加拿大班夫国家公园植被覆盖率高，路面以水泥（沥青）路面为主，停车场设计较为整齐，并根据场地和访客使用需求设置休息亭，休息亭采用坡屋顶，与其旁边的常绿乔木树形相呼应，简洁、实用。

美国大烟山国家公园访客中心停车场减少了围墙和栏杆隔离，停车场有野生动物光顾，充分体现了人与自然和谐的理念。

案例3 砂石（铺砖）路面停车场

　　广东省南岭国家级自然保护区善梨坪村生态停车场采用砂石路面，透水透气性好，还充分考虑了停车场的遮阴、防炫光、防污染等需求，采用绿化带分割空间，绿化带使用与铺装一致色彩的透水砖竖向成锯齿状围合，简洁、自然而富有变化，绿化带植物选用乡土树种，乔灌木自然搭配，与周边环境十分融合。

广东省南岭国家级自然保护区善梨坪村生态停车场

⑤ 公厕

　　公厕是提供给国家公园访客使用的重要设施，一般可根据国家公园设施布局及访客的如厕、简易清洗、更衣或哺乳等服务需求，选择适宜地点布置，宜靠近休憩空间、管护站、访客中心或停车场等主要停留点做整体的考虑设置。在建造上应遵循整个国家公园内建筑风格，乡土自然。在选址上应符合环境质量保障，有卫生、私密性需求。在配置上，应现代化和便利化，地面、墙体、隔板及其他室内材料应考虑表面光滑度和不透水性，还应考虑污水及堆积物的处理方式。在细部装修上应充分考虑访客使用习惯。

冰岛辛格维利尔国家公园公厕

案例 1 冰岛辛格维利尔国家公园固定式公厕

公厕进行个性化设计，建筑面积适度，功能设施齐全，能够满足各类人群（比如残障人士、母婴群体等特殊人群）的使用需求。木质本色外墙，结合材料质地、施工工艺赋予此类小型公建特有的建筑风格，与周边环境和谐统一，是功能实用主义和建筑美学相结合的产物。利用特别培养驯化的活性菌泥微生物生态措施处理粪便污水，对粪便进行分解，将粪便转化为二氧化碳和水，利用处理后的循环水进行冲洗，安全环保，确保生态环境安全。

冰岛辛格维利尔国家公园公厕

案例2 加拿大贾斯珀国家公园公厕

公厕位于国家公园僻静处，置于树丛之中，以装配式木构建筑和钢构仿木建筑为主，体量较小，色彩仿原木色，有固定台基，下水系统接入园区污水管道集中处理，与周边森林环境较为协调。

加拿大贾斯珀国家公园公厕1

加拿大贾斯珀国家公园公厕2

案例3 哥斯达黎加曼纽尔·安东尼奥国家公园公厕

公厕遵循当地的热带气候建筑风格特点，采用竹木结构，四坡重檐屋面，类似我国西南传统竹木结构形式建筑外形，墙身涂刷绿色染料，屋面保留竹子原有的色调，男女厕两栋分立在国家公园环境较为僻静处，私密性强，有自成体系的污水处理系统。

哥斯达黎加曼纽尔·安东尼奥国家公园公厕

案例 4　加拿大幽鹤国家公园公厕

公厕整个建筑布置在一片幽静的针叶林旁，为双坡屋面的木结构建筑，原木对垒，硬山搁檩，建筑由墙体承重，黑亮的外观与周边山林遥相呼应，呈现出质朴、粗野又散发工艺美的建筑风格，与现有环境完美融合。

公厕有独立污水处理一体化系统，占地面积较大，金属屋面伸出排气管道，为配合底部的污水处理系统，墙身下部设置百叶窗，上部开窗，可以使公厕内部浊气有效排出，既确保了室内空气清新，又保障了区域生态环境安全。

加拿大幽鹤国家公园公厕

案例 5　加拿大班夫国家公园公厕

　　公厕采用砖木混合结构，门厅居中对称，双坡金属屋面并铺设太阳能板，墙体四角及承重饰面采用青砖，其他墙体上采用米黄涂料并用木栏装饰，是北美建筑风格与当地施工技法相结合的产物。内部功能分区明确，厕位分立，并在厕位门板上张挂国家公园景观照片，下部设置百叶窗，上部开窗。

加拿大班夫国家公园公厕 1

加拿大班夫国家公园公厕 2

案例 6 美国黄石国家公园内公厕

美国黄石国家公园公厕 1

美国黄石国家公园公厕 2

美国黄石国家公园公厕 3

公厕为独立式个体使用厕所，为男、女及残障人士混合使用，占地面积小，简洁实用。室内装饰装修采用现代主义风格，使用方便，干净整洁。木结构装配式建筑，双坡屋面，有独立的污水处理系统。

案例 7　轿子山国家级自然保护区公厕

轿子山国家级自然保护区公厕

公厕充分利用地形，与步道有机结合，隐秘在森林迷雾之中。木结构建筑，坡屋顶，小巧精致，墙面采用木质材料饰面，线条感很强，与台阶围栏等形成呼应，色彩自然，与环境和谐统一。

案例 8　东安舜皇山国家级自然保护区公厕

　　从远处看，东安舜皇山国家级自然保护区公厕就像一个大型的木桩置于茂密的森林之中，从近处看，又像是一个张大嘴的森林怪兽，极具设计感，表面木纹理的线条粗犷，并延伸出树桩的奇特形状，造型别具一格。内部设计简约，给人返璞归真之感。

东安舜皇山国家级自然保护区公厕

⑥ 休憩设施

　　国家公园休憩设施是为访客提供观景、休息服务及获取信息的设施，这类设施既为访客游览所必需，又为资源保护所需，兼具景观性、休闲性及游憩性。一般可根据国家公园自然人文景观资源位置、布局及自然体验路线布设等要求，布置观景台、休憩平台、休息亭廊、休息桌椅等类型的国家公园休憩设施，以保障访客需求。在建造中充分考量设施的组合与布局、尺度与比例、色彩与质感、结构与形态的关系，遵循"七宜七不宜、亲切舒适、处理得当、相辅相成"原则，既要明确设置的范围、管控的要求、使用的强度等内容，又要凸显国家公园特色，使设施成为附属于国家公园整体环境景观的一部分，既是景观，同时也是观景台。

　　首先，对于观景台，选址得当最能体现绿色公园计划中"绿色国家公园场地"精神要义，充分考虑观景需求和必要的休息设施的关系，使其能为访客提供良好的观景视角，充分展现国家公园优美资源，防止"建设性破坏"。其次，这几类设施综合配置，观景台可适当设置休息桌椅和解说设施，充分发挥其科普教育功能。另外，各类设施的造型风格统一，简洁自然，体量、色彩、风格、外观等方面体现特色与环境充分融合。休息亭廊考虑安全性，避让地质灾害易发区和风口等位置。

案例 1 观景台

冰岛辛格维利尔国家公园观景台 1

冰岛辛格维利尔国家公园观景台 2

冰岛辛格维利尔国家公园观景台遵循了充分利用地貌环境，仅以辅助简单设施为主的建造理念，选取了适合观赏园区内瀑布、地热、极地苔原、雪山等景观的最佳位置设置；平台仅对地形地貌做微处理，然后以钢材、防腐木等材料组建起可容纳一定访客量区域，施工简便、造价低、与周围的环境相协调。

加拿大班夫国家公园观景台1

加拿大班夫国家公园观景台2

美国优胜美地国家公园观景台

美国黄石国家公园观景亭

加拿大班夫国家公园观景台采取了以获得最佳观感体验效果的临空架设为主的建设思路，作为主要观景台，综合考虑了访客容量，规模较大，可容纳人数多。台面以防腐木地板铺设，同步道相连，临空处设置黑漆栏杆，结合科普宣教标识标牌、休憩设施布置，均就地取材，提供深度休闲体验。这里不仅成为经常举行户外课堂和暑期夏令营活动的场所，而且还是一个很好的供人深思的地方。

美国优胜美地国家公园观景台采用块石围合堆砌而成，与远处的山体材质遥相呼应，为方便访客观赏美景，伐除少量观景台前的树木，营造开阔宽敞的观景空间。

美国黄石国家公园观景亭自然朴实，木结构、坡屋顶，基脚采用混凝土固定，大卵石饰面，自然野趣，配置了宣教牌和休息座椅，访客在观景的同时可以了解相关宣教内容，必要时可以边休息边观景。

美国北卡观景屋

香格里拉普达措国家公园体制试点区观景台

美国北卡观景屋球形造型，独特别致，使用自然的石材和木材建造，保温耐久。屋顶覆土，生长自然植被，与周围环境融为一体。

香格里拉普达措国家公园体制试点区观景台采用统一的木材、色调和围栏样式，与环境自然融合，选址精妙，让访客到此可以容身大自然，陶醉在大自然的奇观中，并配以必要的解说牌或服务设施，简洁实用。

案例2 休憩平台

冰岛辛格维利尔国家公园、加拿大贾斯珀国家公园、云南老君山国家地质公园休憩平台，虽然地域不同，但在营建中均结合园区内游步道等设置，并根据需求的差异，结合场地大小、地形、周边环境，划出一定区域设置休憩平台，面积大小适宜；无论是成套的休息桌椅，还是地面的铺装，均体现了简洁、实用、与自然和谐统一的原则；位置的选择也经过了仔细考察，设置在园区服务接待处、访客服务区、售卖点、访客短暂停留休息和驻足的地方，能同时满足访客休息、观景、科普宣教等功能要求。

冰岛辛格维利尔国家公园休憩平台1

冰岛辛格维利尔国家公园休憩平台2

加拿大贾斯珀国家公园休憩平台

冰岛辛格维利尔国家公园游步道、休憩平台

云南老君山国家地质公园休憩平台、围栏

韶关乳源大潭河自然保护区休憩平台

神农架国家公园体制试点区休憩平台

轿子山国家级自然保护区休憩平台

韶关乳源大潭河自然保护区休憩平台结合步道设置，采用与步道一致的青石板碎拼铺装样式，自然排水，自然渗透，与步道完全融合。铺装外铺设碎石粒，与周围山体完美过渡。应用树桩形仿生设计营造的休息桌椅，精巧自然，保留原生乔木，提供遮阴服务的同时，尊重周围环境，最大限度保留植被，不破坏环境，彰显自然保护理念。

神农架国家公园体制试点区休憩平台设于车行道旁，采用青石板碎拼铺装样式，铺装内植乡土草，小草自然生长，与铺装巧妙结合，自然生态。蘑菇形仿生设计营建的休息亭和休息凳，色彩仿制蘑菇自然色，与周围环境充分融合。宣传牌外框采用仿原木设计，牌面使用自然石块，与铺装和谐统一，围栏采用石柱结合铁链的方式进行，通透自然。平台、休息亭、宣传牌及围栏的人工设施经过建造，整体与周围环境相融合，充分体现绿色营建理念。

轿子山国家级自然保护区休憩平台充分与地形结合，采用分层设计，方圆结合，用台阶自然过渡高差。保留原生乔木并在树下设置休息坐凳，坐凳外形与树冠外形和谐统一，树冠自然遮阴，与台阶结合，软化线条，丰富空间。上层平台方形，采用条形坐凳围合空间，巧妙自然。

案例 3 休息亭廊

美国优胜美地国家公园休息亭

丹霞山国家级风景名胜区观景亭

　　美国优胜美地国家公园休息亭与自然融为一体，坡屋顶，深褐色，四角采用块石堆砌柱子，牢固而具有特色，因坐落在湖畔，亭子和周围植物在湖面形成倒影，虚实结合，自然和谐。

　　丹霞山国家级风景名胜区观景亭色彩和材质同丹霞山地貌特征相呼应，特色鲜明，双层设计，满足观景视角需求，精巧而不厚重，两根主柱上书写对联，充满文化气息。

轿子山国家级自然保护区休息廊

黑龙江珍宝岛湿地国家级自然保护区休息亭

　　轿子山国家级自然保护区休息廊依山呈长条形，采用木结构和钢结构，结合步道设置，坡屋顶，色彩使用原木色或土黄色，同高寒山地的地被色彩类似。廊道结合坐凳设置，简洁实用，原木坐凳，色彩同山色契合，充满粗犷的韵味。

　　黑龙江珍宝岛湿地国家级自然保护区休息亭以茅草为顶，以木为柱，草绳绑扎做装饰，塑造一种古朴幽静之感，木质的休憩桌椅围绕四周，提供了较为宽敞的休憩空间。

4　休息桌椅

加拿大班夫国家公园休息桌椅

加拿大贾斯珀国家公园休息桌椅 1

加拿大贾斯珀国家公园休息桌椅 2

　　加拿大班夫国家公园、贾斯珀国家公园内休息桌椅配合观景台设置，或在游步道旁设置。休息桌椅以为访客提供休息停留为主，具有公共性，材质、色彩与背景环境相融合。桌椅以成品定制或当地材料制作为主，主要为访客长时间步行而作短暂休息使用，通过与景观配置相结合，访客在得到休息的同时能够观赏优美风景，置身其中，身心俱佳。

钱江源国家公园体制试点区休息座椅

钱江源国家公园体制试点区休息座椅设置于路边，座椅、围栏与种植池巧妙结合，休息、围合、遮阴功能完美实现，座椅造型独特，充满趣味性和艺术性，色彩自然，与环境充分融合。

案例 2 餐饮设施

加拿大班夫国家公园餐饮点 1

加拿大班夫国家公园餐饮点，为木结构装配式建筑，一层坡屋面单体建筑，局部屋面层出挑阳台，突出的"哥特式"尖顶保留着北美建筑风格的视觉符号。屋面坡度较为平缓，墙身采用原木或方木对垒而成，室外栏杆采用防腐木。餐饮建筑置于台基上，一般高于地面标高，用餐信息悬挂于室外窗口上，便于访客及时选择餐品。装配式建筑的高效率、高精度、高质量，与传统方式相比，具有节水节电节材环保、工期更为可控等优点，高度契合了绿色营建的理念，今后应广泛应用于国家公园建设中。

加拿大班夫国家公园餐饮点 2

加拿大贾斯珀国家公园餐饮点

美国优胜美地国家公园餐饮点

　　加拿大贾斯珀国家公园餐饮点，为仿集装箱式可移动的轻钢装配式建筑。建筑主体用钢材焊接而成，维护墙体用木板拼接，单坡斜屋面，最大优点是运载方便，可以根据园区内各景点访客使用需求及时调整，占地面积小，材料循环使用率高。

　　美国优胜美地国家公园餐饮点简朴自然，木结构及木柱子与旁边的大树完美结合，局部采用块石砌筑墙体，配以古典灯具，尽显自然而古朴的就餐氛围。

　　轿子山国家级自然保护区餐饮点位于索道终点处，与索道管理用房相隔 50 米左右，可提供简单的餐饮和休息服务。该建筑依山就势、坡屋顶，屋顶色彩与铺装一致，体现整体美，同时用对比色突出亮点，餐厅采用通透设计，便于用餐者在用餐休息的同时观赏自然美景。

轿子山国家级自然保护区餐饮点

案例 3　购物设施

加拿大班夫国家公园购物街

钱江源国家公园体制试点区购物街

加拿大班夫国家公园和钱江源国家公园体制试点区外的购物街主要特色在于，整体规划布局以线性为主，建筑沿街道两侧布局。加拿大班夫国家公园购物街在建筑装饰装修上凸显现代主义符号和元素，整条街营造出恢宏大气又极具现代化的社区氛围。

钱江源国家公园体制试点区购物街建筑造型是凸显当地建筑特色、本土化符号的新中式建筑组合形式，底层为商铺，二、三层为附属用房，建筑色彩以黑、白、灰为主，立面造型对称式布局，体现了含蓄秀美的建筑丰韵。

　　香格里拉普达措国家公园体制试点区购物点采用实木建造，小巧而精致，色调自然，与山林秋色相得益彰。

香格里拉普达措国家公园体制试点区购物点

案例 4 供电设施

　　加拿大幽鹤国家公园的照明设施遵循"适用、经济、绿色、美观"的照明建造理念，设施与环境充分融合，低矮简洁建造避免了都市化，照明散射的灯光较为集中，避免光线的外泄，使用与昆虫感光频率不同的高压氖气路灯，避免趋光性昆虫聚集于道路，灯柱采用原木，体现了安全生态、绿色环保的理念。

加拿大幽鹤国家公园照明设施

案例 5 景观小品

　　国家公园内的景观小品宜精不宜多，其体量、色彩、材质、外观等一定要同周边环境融为一体，要充分展示国家公园特色和亮点，非必要不设置。

　　太鲁阁国家公园景观小品就地取材建造，巧妙利用木材造型，充分挖掘地方特色，打造出自然有趣、栩栩如生，体现地域特色，与周围环境融会贯通的经典作品。

太鲁阁国家公园景观小品 1

太鲁阁国家公园景观小品 2

太鲁阁国家公园景观小品 3

飞来寺国家森林公园白塔

　　飞来寺国家森林公园的白塔布置于观景台上，与远处的雪山在色彩和外轮廓上遥相呼应，彰显藏族文化特色，营造了设施与环境相得益彰的氛围。

　　三江源自然保护区景观小品采用钢材镂空制作，借用了中国传统剪纸工艺手法，色彩自然厚重，灵活运用动物抽象画，虚实结合，活泼生动，在标识自然保护区的同时丰富环境，宣传自然保护理念。

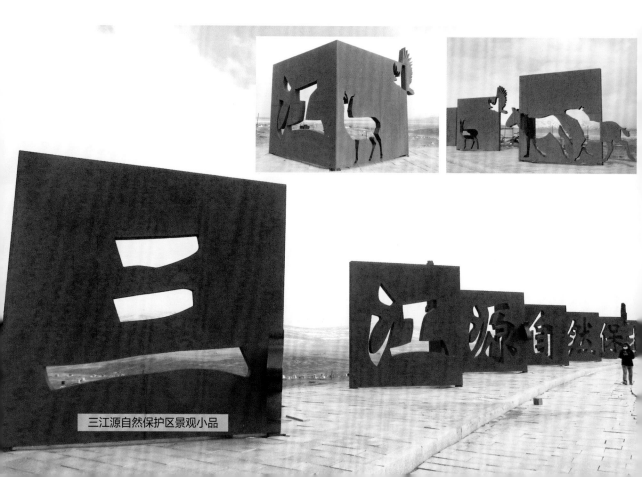

三江源自然保护区景观小品

五
社区可持续发展设施

　　国家公园社区通常是指受国家公园影响的国家公园内部及周边所有相关社区，包括自然村落、商业街区、小城镇等。中国特色国家公园与社区之间应形成社区共建共管的良好机制，因此社区可持续发展设施的建设应服从国家公园对生物多样性和自然生态系统的伤害降至最低的根本要求，应用绿色营建理念和生态工法实现社区绿色可持续发展。社区建筑和社区道路是国家公园社区设施的主要代表，应对它进行相应的规范。首先，社区建筑风貌要求尽量统一，应继承、发扬原有民居的风貌，彰显民居特色，建筑风格、环境景观和基础配套设施等方面力求与周围环境相协调。其次，在建筑材料、色彩、结构与层高四个方面进行控制，建筑应整齐、有序，材料尽可能就地取材，采用石材、木材、青瓦或稻草铺设屋顶等。另外，社区道路在满足功能需求的同时，建设用材尽可能选取与周边环境相一致的材料，增强访客对国家公园社区的第一视觉感受。

瑞士Findelalp保护区社区建筑

山东昆嵛山国家级自然保护区社区建筑

瑞士Findelalp保护区社区建筑采用统一风格、色彩和高度，坡屋顶，白墙灰瓦配以线条和色彩装饰，布置在马特洪峰周边，自然、整洁、有序。

山东昆嵛山国家级自然保护区社区建筑采用石材堆砌，具有一定的厚重感，为北方冬天保温提供保障。坡屋顶，块石墙体与屋檐之间采用青色透水砖砌筑，自然成为装饰线条，同时增加了一份精致感，屋顶、门窗和装饰线条色彩统一，与土黄色块石墙体形成对比色，和谐自然，建筑周围预留排水沟，白色碎石饰面，外配植草坪，自然有趣。

加拿大幽鹤国家公园内社区主干道

案例2 社区道路

加拿大幽鹤国家公园内社区主干道采用仿自然生态路（碎石和细沙路面），综合考虑通行、生产、救护、消防、自然体验的需要。

云南黄连山国家级自然保护区社区道路采用砖石铺砌而成，防滑性能好，铺设形式颇富野趣，铺装砖石之间留有一定的空隙，确保道路透水透气性的同时，为植物生长也创造了条件。春雨过后，植物在铺装砖石间和道路两侧自然生长，使道路和周围环境完美融合，自然美观且非常实用。

钱江源国家公园体制试点区内社区步道以卵石或毛石步道形式呈现，满足了社区居民及访客的徒步需求。步道宽 0.8 至 1.6 米，采用卵石或毛石铺设，步道的材质与铺设形式充分体现自然野趣，独具特色。

云南黄连山国家级自然保护区社区道路

钱江源国家公园体制试点区内社区步道

六

建设实践

著作者所在的国家林业和草原局西南调查规划院、国家林业和草原局（国家公园管理局）国家公园规划研究中心长期在自然保护地第一线从事自然保护研究和规划设计工作，在国家公园与自然保护地体系建设的规划理论、技术方法、重点政策、具体实践等方面为主管部门提供技术支撑，围绕和服务于自然保护地体系的国家战略目标，多年来承接了大量自然保护地的规划设计任务，积累了丰富的实践经验和深厚的理论基础。建设实践中以香格里拉普达措国家公园体制试点区、山东汤河国家湿地公园设施设计为例，阐述国家公园设施的绿色营建思路和方法。

❶ 香格里拉普达措国家公园体制试点区建设项目实例

（1）建设背景

云南省是国内最早进行国家公园建设探索的省份。1996年，云南省率先开展国家公园保护地模式的探索；2006年，迪庆州政府批准试点建设香格里拉普达措国家公园并通过地方立法；2007年，香格里拉普达措国家公园挂牌；2010年，云南省政府批准实施香格里拉普达措国家公园总体规划。2015年，国家发展改革委等13部委联合确定了包括云南省在内的9个省份开展国家公园体制试点工作，香格里拉普达措国家公园作为试点区由建设探索进入国家层面的体制试点阶段。2016年10月，国家发展改革委批准通过《香格里拉普达措国家公园体制试点区体制试点实施方案》。进入国家公园体制试点后，积极谋划国家公园体制试点建设工作，2017年云南省发展和改革委批复实施《香格里拉普达措国家公园体制试点区尼汝片区保护和利用基础设施建设项目》（以下简称"建设项目"），香格里拉普达措国家公园体制试点区进入了新形势下国家公园建设与发展之路的探索。

（2）项目概况

建设项目总投资4000万元，包括生态系统保护建设、配套基础设施和保护监测工程3个部分。2019年10月，项目完成竣工验收。

其中，生态系统保护建设内容包括防火道路修整、封山育林、生态植被恢复、界碑、界桩、哨卡；

配套基础设施建设内容包括巡护道路、引水工程、环卫设施工程、管护站；保护监测工程建设内容包括标示牌、太阳能发电系统、安防监控系统。

（3）营建理论

秉承因地制宜、自然相融合的原则。设施的营建涉及设计、施工及管理全过程，建造过程中新建的建筑、道路、标识系统等工程，要对国家公园体制试点区内既有的自然环境充分尊重，人工设施营建应最大限度地避免对自然生境的干扰，与原生环境充分融合，体现了"相地合宜"。

观景台

设施营建遵循"七宜七不宜原则"。在总体布局上，系统梳理现有基础设施条件，新建设施在满足功能要求条件下种类及数量尽量少，在满足使用要求条件下建造规模尽量小，在满足美观要求条件下设施外形体现"小而简"，宜特不宜奢。

架空栈道

从设施营建的具体考量上，工程设计环节应充分考虑香格里拉普达措国家公园体制试点区自然空旷的复合生态环境特点，不仅要在设施的体量、尺度、比例等形态设计方面最大限度满足自然环境的场所需求，更要兼顾宜人空间的营造，给人以亲切感和舒适感。

巡护道路

　　香格里拉普达措国家公园体制试点区拥有高寒针叶林、高山草甸、高原湖泊等生境，在设施的营建中应充分吸纳建设用地周边环境的自然色彩和空间肌理，对建筑、道路、桥梁、牌示等设施的外观设计充分考量，选取原木、石材、素土、仿木纹、仿石等原生材料作为建筑材质，采用深木色、棕色、藏红色等较暗的色调作为建造的装饰色，增强与自然环境的亲和感。

标识牌设计图 1

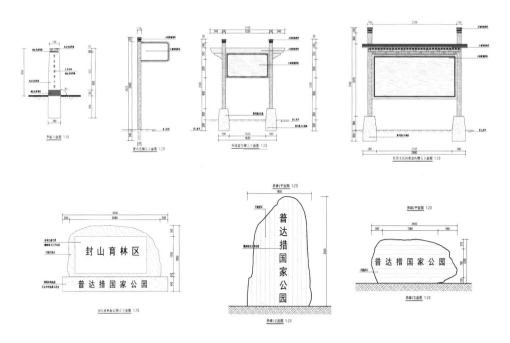

标识牌设计图 2

管护站的装配式建筑

香格里拉普达措国家公园体制试点区处于三江并流自然遗产地和藏、傈僳、纳西等多民族交汇融合的文化区域，独特的自然和人文环境造就了香格里拉当地特有的藏式建筑形态。管护站等建筑的设计应充分汲取当地特有藏式建筑风格特色，兼顾山地材料运输、施工周期、建设成本等需求，在建筑结构选型中采用装配式轻钢结构及化整为零的构件，大幅降低建筑自重，便于山地上的骡马运输的同时大大缩短建设工期，打造生态环境脆弱区设施营建的典型案例。

（4）设计特色

① 工程设计面临的挑战

在香格里拉普达措国家公园体制试点区的绿色营建实践中，建设者面临自然环境复杂、交通不便、材料运输难、建设工期短、废水处理排放要求高、处理工艺难等多重挑战，设计在解决诸多困难的前提下，要更加注重对自然生境的保护，体现自然、和谐、实用、共生及人文关怀的特点。

巡护道路场地条件

②香格里拉普达措国家公园体制试点区的绿色营建实践

工程设计注重和谐性、地方性和实用性的统一

建设项目中的巡护道路、管护站、哨卡等工程设计秉持绿色营建的理念,以实现永续性、和谐性、人性化、简约化、轻量化、本地化的建造方式,有效节省能耗和资源,降低环境冲击及负荷。

巡护道路(临空路段)

新技术运用成效显著,注重设施建造的人性关怀

采用装配式建筑技术较传统建造技术建设成本降低约27%、建设工期缩短将近40%、运输马匹和人工节省约32%,所采用的建设材料和施工措施更为环保,对自然环境造成扰动和破坏降到了最低。选用的建筑和装饰材料均为生态环保材质,且90%以上的建筑材料可以回收重复利用。装配式建筑技术有效解决了国家公园内地形复杂、交通不畅、材料运输困难、施工周期长、建设成本高的问题。

七彩瀑布管护站

将生物降解废水处理技术运用在管护站中，利用微生物降解+过滤沉淀工艺相结合的方式，污水处理更环保、更科学，处理后的水质达到一级A类排放标准，大幅降低了生活废水对周边自然生境的污染和破坏，实现了设施建造对自然的人性关怀。

麦良管护站

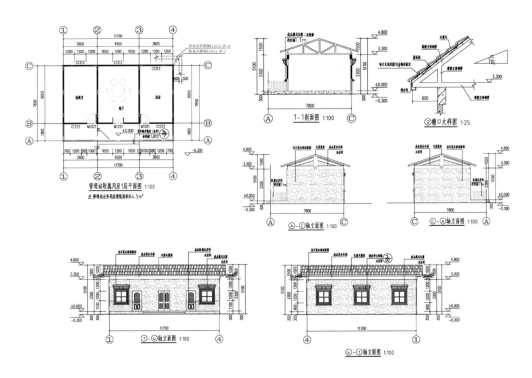

管护站附属用房设计图

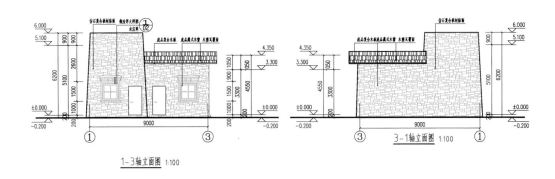

1-3轴立面图 1:100

哨卡设计图 2

质朴的休憩设施

巡护道路（片块石路面）

巡护道图路（砂石路面）

巡护道路（平地步道）

巡护道路（台阶式步道）

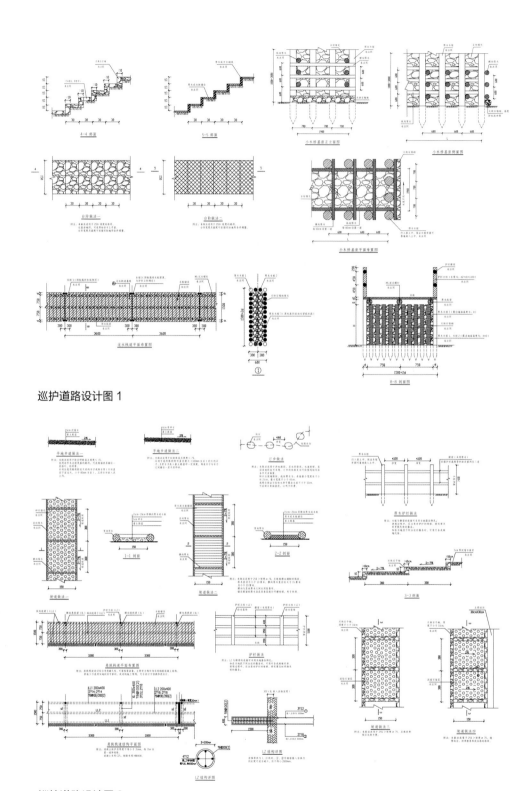

巡护道路设计图 1

巡护道路设计图 2

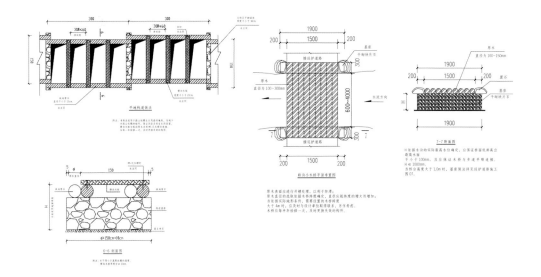

巡护道路设计图 3

（5）建设管理成效

　　香格里拉普达措国家公园体制试点区是我国首批试点建设的国家公园之一，对工程营建的要求极高，传统的设计理念和工程措施已无法满足国家公园对自然生态最高级别保护的需求，在理论研究和借鉴国内外保护地设施绿色营建经验的基础上，国家林业和草原局西南调查规划院率先开展香格里拉普达措国家公园体制试点区设施绿色营建。项目从设计、施工到管理都秉承保护优先、和谐共生的理念，最大限度保持生态环境的原真性和完整性，减少对自然环境的干扰和破坏。项目的实施，显著增强了试点区的保护管理、科研监测、科普教育、游憩展示等功能。项目竣工后，一方面有效保护了香格里拉普达措国家公园体制试点区的核心资源，完善了国家公园的基础设施，为开展自然体验奠定了基础，有效带动了周边社区的经济发展；另一方面提升了香格里拉普达措国家公园体制试点区综合管理能力，并逐步产生良好的生态效益、经济效益和社会效益。

　　该建设项目具有良好的示范作用，为我国国家公园建设提供了可参考的"云南模式"，对推动国家公园建设和可持续发展具有积极而深远的意义。

② 山东汤河国家湿地公园科普宣教系统建设项目实例

（1）建设背景

汤河位于山东省临沂市河东区，属于淮河流域沂沭泗水系，是沭河的一级支流。汤河是典型的河流湿地，四季有水、九曲环绕，湿地景观优美，植物资源丰富，是众多鸟类理想的栖息地；汤河位于东夷文化的发源地，周边人文资源丰富，民俗底蕴厚重，具有开展科普宣教的区域优势和基础。鉴于湿地公园内尚无科普宣教和自然体验接待服务设施，2016年，受山东省临沂市林业局委托，国家林业和草原局西南调查规划院承担了山东汤河国家湿地公园科普宣教系统建设项目的详细规划设计。

（2）项目概况

山东汤河国家湿地公园科普宣教系统详细规划区位于汤河西岸，规划用地面积为197.1公顷，南北长约8.3千米，规划区包括"汤河之眼"展示区、"生态汤河"展示区、"运河胜景"展示区三个展示区和多个科普宣教节点，主要内容包括具有代表性的海棠博物馆、湿地公园主入口、河塔晴望瞭望塔、竹里馆、沭河远眺观景亭、电瓶车站、荷影桥、景观亭及廊架、标识牌等科普宣教设施方案设计。

（3）营建理念

山东汤河国家湿地公园科普宣教系统以"自然、文明、生动"为主题，通过"干扰度小、兴趣引导、主题鲜明"的规划设计将湿地公园的自然生态系统及人文历史，直观、形象而有趣地展示给访客。营建坚持以自然为本、回归天然风貌，强化生态系统培育、保护人与自然共生，体现地方特色、展现地域文化，打造结构与形态相辅相成、尺度与比例亲切舒适，充分体现湿地公园科普宣教设施与自然共生的设施绿色营建理念。

（4）设计特色

①充分体现结构与形态相辅相成，和谐性、地方性和实用性相统一的原则

海棠是临沂市市花，海棠博物馆设计灵感来自"海棠花"的自然形态，采用仿生设计手法，平面布局犹如一朵开放在优美湿地环境中的海棠花，建筑面积3000平方米。博物馆平面为两个同心圆，内圆为中心大厅兼展厅，可以组织及引导人流；外圆五个花瓣形的空间为主题展厅，布设了海棠文化展厅、湿地展厅和多媒体宣教中心，建筑结构与形态相辅相成，与周边环境和谐统一，实用而具有地方特色。

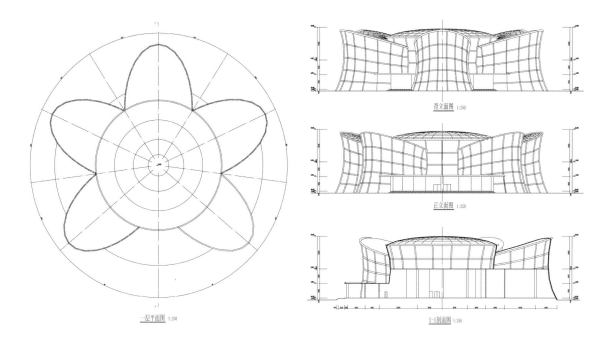

一层平面图 1:250
背立面图 1:250
正立面图 1:250
1-1剖面图 1:250

海棠博物馆设计图 1

海棠博物馆设计图 2

湿地公园主入口方案一宽 56.9 米，高 8.7 米。设计体现简洁风格，花瓣形构筑物与海棠博物馆相呼应，简洁实用而独具特色。

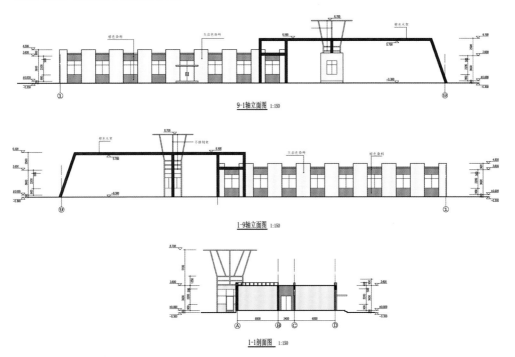

主入口方案一设计图

湿地公园主入口方案二宽 65.5 米，高 10.8 米。以徽派元素为基础，结合当地地域特点进行设计，既体现徽派特色，又不乏地域特色，充分体现和谐性、地方性和实用性相统一的设计原则。

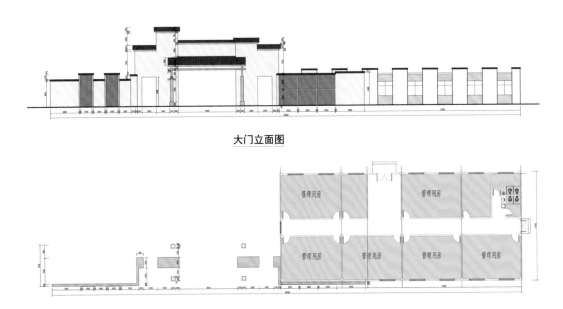

大门立面图

大门平面图

主入口方案二设计图

②设计充分体现设施与环境共生的整体性，材料选择充分体现自然、实用和地域特色

河塔晴望瞭望塔借助伸出的河堤建设，形成开阔视野，能观赏全园风貌。瞭望塔为钢木结构，3层建筑，仿草皮屋顶，主体框架采用仿木涂饰，防腐木栏杆和护栏。钢木结构牢固耐用，仿自然材料使建筑与周围环境协调融合，充分体现设施与自然环境共生的整体性理念。

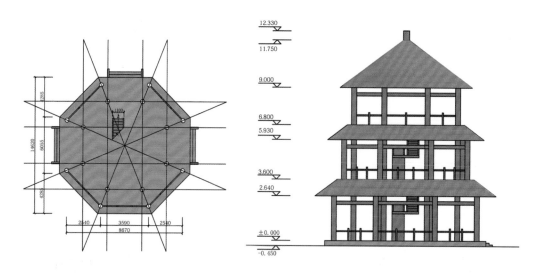

河塔晴望瞭望塔设计图

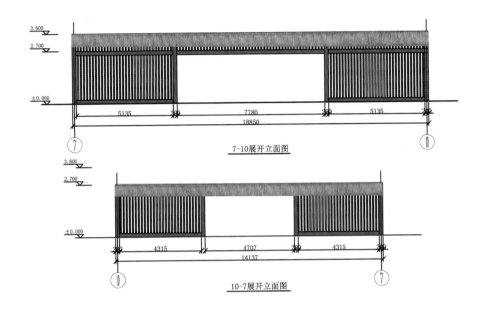

7-10展开立面图

10-7展开立面图

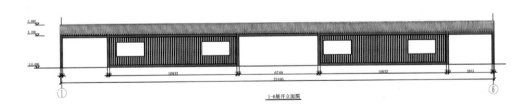

1-6展开立面图

竹里馆设计图

　　竹里馆面积147平方米,钢筋混凝土结构,立足"乡土",使用自然而具有地方特色的绿竹饰面、茅草屋顶,充分体现和谐性、地方性和实用性相统一的设计原则。

沭河远眺观景亭效果图

　　沭河远眺观景亭临水而建，让访客清晰地远眺汤河汇入沭河，登高望远，心旷神怡。观景亭采用木结构，三层，满足不同的观景需求，尺度与比例亲切舒适，茅草坡屋顶，设施完全融于环境，与环境和谐共生。

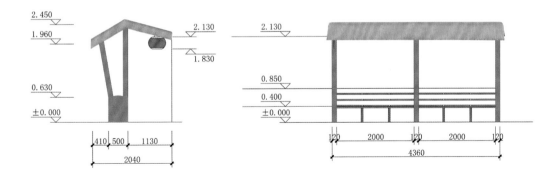

电瓶车站效果图

电瓶车站采用木质结构，结构与形态相辅相成，屋顶敷设茅草，体量适宜，简洁、独特而实用。

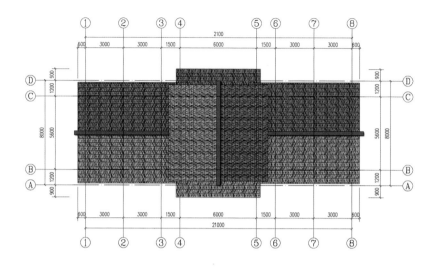

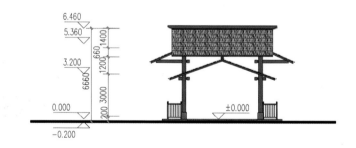

荷影桥设计图

　　荷影桥为人行廊桥，表面采用石材饰面。廊道采用木质结构，结构与形态相辅相成，屋顶为茅草顶，与周围环境和谐共生。

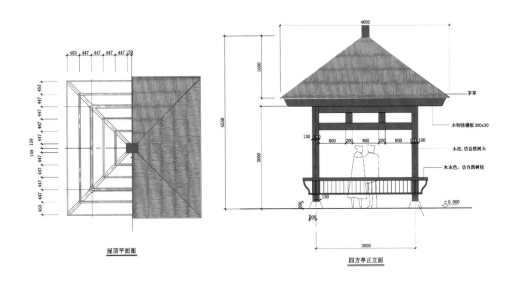

屋顶平面图　　　　　　　　　　　四方亭正立面

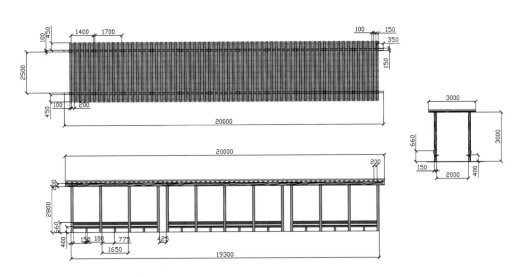

景观亭、廊架方案设计

　　景观亭及廊架设计立足于"乡土"，遵循设施与自然环境共生的设计理念，采用钢筋混凝土结构，茅草屋顶，柱子采用仿树干形式，栏杆模仿自然树枝，体现自然属性的同时彰显特色。

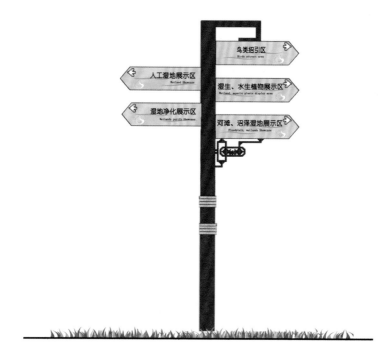

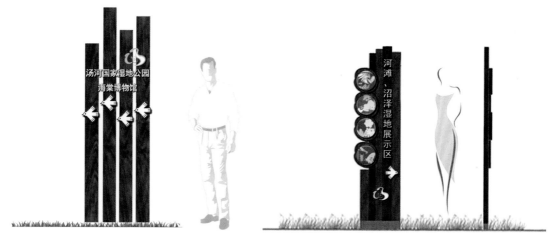

标识牌方案设计

　　标示牌主要功能为引导、湿地宣传、科普宣教，采用混凝土仿石或钢木结构，醒目耐看，自然实用。

（5）建设预期 ▮

　　山东汤河国家湿地公园科普宣教系统详细规划设计秉持绿色营建理念，将指导湿地公园科普宣教系统的决策、管理、设计、施工、经营、监督和评价，各阶段负责的各个角色要充分发挥对湿地公园绿色营建的作用，达成共识，通力协作，实现设施全过程、全寿命绿色营建和管理，为设施绿色营建提供借鉴和参考。同时通过科普宣教系统建设，大幅提升汤河国家湿地公园科普宣教能力，为访客及周边学生提供一个生态教育基地，让人们更加直观地了解自然、认识自然，增强人们保护野生动植物、爱护自然的自觉性，提升国民积极参与生态保护的主动性和自豪感，更好地保护汤河湿地生态系统，提升临沂市知名度，提升城市品位和形象，增强城市活力。

参考文献

蔡芳，2020. 国家公园道路绿色营建的思索：冰岛 1 号公路的启迪. 林业建设 (3): 5-10.

陈沫，2015. 基于生态工法理念的休闲农业园应用研究. 南京：南京农业大学.

董明华，2007. 公共设施的设计方法研究：以北京周边山地风景区内公共设施为例对公共设施类产品设计方法的探究. 上海：同济大学.

高宁，2018. 推进生态文明建设美丽中国. 前线：43-46.

国家发展和改革委员会社会发展司，2017. 国家发展和改革委员会负责同志就《建立国家公园体制总体方案》答记者问. 生物多样性 (25): 1050-1053.

洪卫，谢红杰，2012. 绿色建筑设计的原则及要点解析. 城市建设理论研究（电子版）(15): 1-6.

胡文婷，2011. 广州市森林公园建设标准编制研究. 广州：华南农业大学.

李贵兵，任树梅，杨培岭，等，2009. 新农村建设中污水处理系统研究. 中国农村水利水电 (6): 25-27.

李丽凤，2008. 森林公园大门设计研究. 福州：福建农林大学.

李明虎，窦亚权，胡树发，2019. 我国国家公园遴选机制及建设标准研究：基于国外的启示与经验借鉴. 世界林业研究 (32): 83-89.

李一楠，2012. 浅谈室内环境绿色装饰环保设计. 黑龙江科技信息 (6): 80.

刘冲，2016. 城步国家公园体制试点区运行机制研究. 长沙：中南林业科技大学.

刘欣，2016. 建立中国国家公园体系的初步探讨. 广州：华南师范大学.

刘泽英，李忠，贾恒，等，2014. 自然保护，有一种形式叫国家公园：访国家林业局保护司司长张希武. 中国林业：6-13.

吕晓琪，2017. 广东省石门台国家级自然保护区访客中心规划设计研究. 中国林业科学研究院.

聂玮, 2015. 风景旅游建筑及其规划设计研究. 成都: 西南交通大学.

欧阳志云, 杜傲, 徐卫华, 2020. 中国自然保护地体系分类研究. 生态学报 (40): 7207-7215.

潘安, 2019. 大巴山中西段地质景观分类与成因研究. 成都: 成都理工大学.

沈琪, 敖雷, 2011. 谈城市广场的规划设计. 黑龙江科技信息 (35): 167.

孙贺, 2013. 滨海湿地实验区生态化规划设计策略研究. 哈尔滨: 哈尔滨工业大学.

唐芳林, 2015. 国家公园定义探讨. 林业建设 (5): 19-24.

唐芳林, 2017. 谈国家公园绿色营建. 林业建设 (5): 1-6.

唐芳林, 2020. 中国特色国家公园体制建设的特征和路径. 北京林业大学学报 (社会科学版), 19 (2): 33-39.

唐芳林, 孙鸿雁, 王梦君, 等, 2017. 南非野生动物类型国家公园的保护管理. 林业建设 (1): 1-6.

唐芳林, 王梦君, 2015. 国外经验对我国建立国家公园体制的启示. 环境保护 (43): 45-50.

唐芳林, 王梦君, 孙鸿雁, 2019. 自然保护地管理体制的改革路径. 林业建设 (2): 1-5.

唐小平, 蒋亚芳, 赵智聪, 等, 2020. 我国国家公园设立标准研究. 林业资源管理 (2): 1-8+24.

陶仁乾, 2018. HCA 及其复配混凝剂强化混凝预处理西北地区生活污水的试验研究. 兰州: 兰州交通大学.

王梦君, 唐芳林, 孙鸿雁, 等, 2014. 国家公园的设置条件研究. 林业建设 (2): 1-6.

王梦君, 唐芳林, 孙鸿雁, 等, 2017. 我国国家公园总体布局初探. 林业建设 (3): 7-16.

吴承照, 2003. 人与自然和谐发展的设计图解:《国家公园游憩设计》评介. 中国园林 (19): 41-46.

熊木棉, 2020. 国家公园野生动物致害补偿制度研究. 桂林: 广西师范大学.

徐大伟, 2015. 浅谈风景园林建筑的功能性和艺术性. 建筑工程技术与设计 (9): 2809.

杨锐, 2017. 生态保护第一、国家代表性、全民公益性: 中国国家公园体制建设的三大理念. 生物多样性 (25): 1040-1041.

杨少波, 2020. 绿色建筑评价条款在各阶段、各专业的占比: 2019 版绿色建筑评价标准为研究对象. 建筑设计管理 (37): 92-96.

杨胜学, 2014. 广西雅长兰科自然保护区生态旅游规划. 长沙: 中南林业科技大学.

叶红, 2019. 美国国家公园体系研究 (1933-1940). 哈尔滨: 黑龙江大学.

叶斯华, 张晓勉, 刘宝权, 2016. 香港米埔湿地的"保护经". 浙江林业 (2): 12-13.

叶郁，2013. 盐水湿地"生物—生态"景观修复设计与生态工法研究. 天津：天津大学.

张璐，景维民，2015. 技术、国际贸易与中国工业发展方式的绿色转变. 财经研究 (41)：121–132.

赵淼峰，黄德林，2019. 国家公园生态补偿主体的建构研究. 安全与环境工程 (26)：26–34+41.

郑宁宁，2020. 新时代湘西州乡风文明建设质量提升研究. 吉首：吉首大学.

钟林生，2018. 设施生态化：国家公园绿色发展重要保障. 旅游学刊 (33)：8–9.

朱春红，2011. 绿色产业发展理论分析和中国的战略选择. 天津：南开大学.